生活因阅读而精彩

生活因阅读而精彩

天下美文
感悟卷

总有一天，你会对过去的伤痛微笑

微风向暖／著

中国华侨出版社

图书在版编目(CIP)数据

天下美文感悟卷:总有一天,你会对过去的伤痛微笑 / 微风向暖著.
—北京:中国华侨出版社,2014.7 （2021.4重印）

ISBN 978-7-5113-4716-9

Ⅰ.①天…　Ⅱ.①微…　Ⅲ.①挫折(心理学)-通俗读物
Ⅳ.①B848.4-49

中国版本图书馆 CIP 数据核字(2014)第115271 号

天下美文感悟卷:总有一天,你会对过去的伤痛微笑

著　　者 / 微风向暖
责任编辑 / 严晓慧
责任校对 / 孙　丽
经　　销 / 新华书店
开　　本 / 787 毫米×1092 毫米　1/16　印张/18　字数/260 千字
印　　刷 / 三河市嵩川印刷有限公司
版　　次 / 2014年8月第1版　2021年4月第2次印刷
书　　号 / ISBN 978-7-5113-4716-9
定　　价 / 48.00 元

中国华侨出版社　北京市朝阳区静安里 26 号通成达大厦 3 层　邮编:100028
法律顾问:陈鹰律师事务所
编辑部:(010)64443056　64443979
发行部:(010)64443051　传真:(010)64439708
网址:www.oveaschin.com
E-mail:oveaschin@sina.com

前言

　　曾几何时，你为了心仪的那个他恋上了别人而伤心欲绝；曾几何时，你为了工作的烦琐无聊而愤恨抓狂；曾几何时，你为了闺中密友无暇顾及自己而痛哭流涕……现在，你仍然沉浸在过去的伤痛中吗？

　　你会发现，时间是最好的良药：时间已经冲淡了过去的痛苦，时间已经带走了过去的恼怒，时间已经抚平了过去的伤痕。如今的你所要做的，只是对过去的伤痛微笑，珍惜当下，享受生活。

　　享受生活，也许是夏日的午后，静静坐在公园树荫下的长椅上，看一只松鼠藏起一颗刚刚找到的坚果；也许是旅行的途中，躲开那些在一个个景点之间步履匆匆的旅行团，停下脚步欣赏墙缝中开出的一朵红色虞美人；也许是持续了很久的阴雨天气终于放晴，一个人躺在宽大的草坪上看着久违的蓝天和如梦幻般变幻的流云。

每个人，一辈子，总要悲一阵子，喜一阵子，聚一阵子，散一阵子，青春一阵子，美丽一阵子，沧桑一阵子，深沉一阵子，幼稚一阵子，成熟一阵子，烦恼一阵子，艰辛一阵子，痛苦一阵子，幸福一阵子。

但不管哪阵子，不论你再丑再穷，总会有一个不嫌弃你的人，也许是你的家人，也许是你的朋友，也许是你的爱人，陪着你，守着你，护着你，不是一阵子，而是一辈子。这就是最美好的生活，就是最幸福的人生。

当你沉浸在伤痛中不能自拔，当你沉浸于悲伤中不能自已，当你沉浸在苦难中无法逃脱……请记住，时间是最好的良药。生活中有阳光灿烂，也有凄风苦雨。当你遭遇了凄风苦雨，不要抱怨，不要悲伤，要勇敢地拭干泪水，在时间这剂良药的帮助下，发现风雨之后的彩虹。

总有一天，你会对过去的伤痛微笑。

目录 CONTENTS

踮起脚尖，就更靠近阳光 | 第一章

做自己的伯乐 \ 003
浇灌机会，收获机会 \ 007
将沙子磨砺成温润的珍珠 \ 010
给幸福创造机会 \ 014
向幸运女神微笑 \ 018
繁华三千，看淡即是云烟 \ 021
希望，让柳暗变花明 \ 024

人生如品茶，苦中自有甘甜 | 第二章

假如生活欺骗了你 \ 029
忌妒，缘于你不够优秀 \ 031
名利障目，不见幸福 \ 036
又寂寞，又美好 \ 039
知足，感受生活的美好 \ 043
心是幸福的容器，不是烦恼的源泉 \ 047
不要为错失的阳光哭泣 \ 050

第三章 | 为生活点盏灯，照亮别人，也照亮自己

生活犹如回声，付出什么，就得到什么 \ 057

鼓励，给别人带去阳光 \ 060

播撒善良的种子 \ 062

赠人玫瑰，手有余香 \ 065

用温热的心温暖别人 \ 068

第四章 | 激情和理想是"火"，燃烧荒芜的沙漠

插上梦想的翅膀 \ 075

激情是照亮幸福的明灯 \ 078

将荒漠浇灌成一片绿洲 \ 081

让激情的火种尽情燃烧 \ 084

激情释放能量 \ 087

会当凌绝顶，一览众山小 \ 091

走下去，路才会变长 \ 093

转角，发现柳暗花明 \ 097

第五章 | 依心而行，才能无憾今生

走好自己的路 \ 103

宠辱不惊，去留无意 \ 107

小智若仙，大智若愚 \ 110

自守其德，修身养性 \ 113

破茧，方能成蝶 \ 117

伸开手掌，你拥有全世界 \ 121

繁华落尽，平平淡淡才是真 | 第六章

一屋不扫，何以扫天下 \ 127

让繁杂的心如莲花般绽放 \ 130

用心思索，用心感受 \ 133

雕在纽扣上的花 \ 135

经营好自己的身体 \ 139

改变，就在不经意间 \ 142

为目标全力以赴 \ 145

带着阳光上路 \ 149

错过花开一季，守得细水长流 | 第七章

错过，好于过错 \ 155

错爱结束，真爱才会到来 \ 158

当爱不再盛开，不如离开 \ 162

得不到的爱，不如剪断 \ 166

不要触碰爱情的底线 \ 168

把握爱情的度 \ 170

爱在左，情在右，生活香花弥漫 | 第八章

莫让感情成为瓶中花 \ 175

细水流年，与君同行 \ 178

婚姻不是童话，需要用心经营 \ 182

要爱情，更要尊重 \ 186

细水长流，别样幸福 \ 190

第九章 | 因为友谊，不会轻易悲伤

　　分享友谊的绚烂之花 \ 197
　　灰尘不打扫，会加深友谊的裂痕 \ 199
　　每人眼中，有不同风景 \ 202
　　疏通堵塞心灵的淤泥 \ 205
　　用对手激发潜能 \ 209

第十章 | 总有一天，你会对过去的伤痛微笑

　　风雨中微笑 \ 215
　　冬天来了，春天不会远 \ 217
　　看开，放下，给心灵自由 \ 220
　　爱别人，更爱自己 \ 223
　　搏击风雨，翱翔蓝天 \ 226

第十一章 | 决定明天的，不是明天的机遇，而是今天的态度

　　风有风的自由，云有云的温柔 \ 231
　　人生苦短，需要把握当下 \ 234
　　此刻，是最美的礼物 \ 236
　　顺其自然，享受宁静 \ 239
　　空杯，方能容纳 \ 242
　　安逸比痛苦更可怕 \ 245

不经寒霜苦，安能香袭人 | 第十二章

错过了星星，不要再错过月亮 \ 251
笑看成败 \ 254
未雨绸缪，决胜千里 \ 257
我思，故我在 \ 259
耕耘自己的小园地 \ 262
你的能量，超乎你想象 \ 265
不能被相同的石头绊倒两次 \ 268
待到冰雪消融，自有春暖花开 \ 271

第一章

踮起脚尖，就更靠近阳光

千里马常有，而伯乐不常有。其实，如果是千里马，又何必非要等待伯乐出现的那天才开始展露自己的才华呢？命运，永远把握在自己手中。

做自己的伯乐

昔日穿着同样校服的同窗，二十年后再聚，有人完成了儿时的梦想，事业有成；有人则还原地踏步，勉强打工糊口。面对这样的差距，常有人自我安慰地感叹一句："没办法，谁让我没遇到伯乐呢。"

有句话说得好："天助自助者。"人生的方向盘掌握在自己手中，若自己都不对自己的人生负责，做出足够的努力，又怎能指望别人出手相助呢？

拿破仑在一次去郊外打猎的途中，突然听见不远处的河里有人喊救命，便快步走到河边。只见一个男子在水中拼命扑腾、呼喊、挣扎。

拿破仑看了看，这河并不宽。他不但没有跳下河去救人的意思，反而端起猎枪，对准落水者，大声喊道："你若再不自己游上来，我就把你打死在水里！"说着，竟真朝水中离那落水者几米远的地方开了两枪。

那人见拿破仑要用枪杀死自己，吓得脸色惨白，一时什么都不顾，奋力自救，终于游到了岸边。

身边的随从脸色不禁有些难看，小声嘟囔着："这也太残忍了！连一点爱心都没有。"

此时，拿破仑收起了厉色的威严，转而心平气和地对随从说："我之所以拿枪逼迫让他自己游上岸来，是想告诉他，自己的生命本就应该自己负责。"

自己的生命就应该自己负责。我们每个人都有可能掉入人生的"枯井"之中，所遭遇的种种困难和挫折就是外界加诸在身上的"泥沙"。与其凄惨地号叫，抱怨命运的不公或是渴望他人的怜悯和帮助，不如换个角度来看，把它们当作一块块的垫脚石。只要坚持不懈地将它们抖落掉，然后站上去，那么即使是掉落到最深的枯井里，我们也依然能走出来。

　　从更广义的范围上来说，自救也是"物竞天择，适者生存"的自然要求。如果适应不了大环境，最终只能像几亿年前的恐龙那样被淘汰。也就是说，自救是一个不断改变、进化的过程：在审时度势的基础上，最大限度地与周围的事物、人或自然去磨合，抓住"求生点"，从而转变局势。从适应环境到利用环境，自救的门道便炉火纯青了。

　　我们总说，每个人遇到各种苦难或厄运的概率是相同的，不同的是各自对待困境的态度。坚韧不拔的信念和希望让人们创造出奇迹，他们深知逆境中的救世主只有也必须是自己。

　　从前，有个放牛娃上山砍柴，突然遇到老虎。放牛娃吓坏了，他拔腿就跑。然而，前方已是悬崖，后面的老虎一步步地逼近。

　　为了生存，放牛娃决定和老虎决斗。就在他转过身面对张开血盆大口的老虎时，不幸一脚踩空，向悬崖下跌去。千钧一发之际，他抓住了半空中的一棵小树。放牛娃暂时松了口气，但想到自己的处境，又禁不住绝望地哭了起来。上面是饥肠辘辘的老虎，下面是阴森恐怖的深谷，四周是悬崖峭壁，即使有人来了也无法救助。

　　这时，他一眼瞥见对面山腰上有一位老人，便高喊"救命"。老人发现放牛娃后，叹息了一声，冲他喊道："我也没有办法呀！看来，只有你自己才能救自己啦!"

放牛娃一听这话,哭得更厉害了:"你看我这副样子,怎么可能自己救自己呢?"

老人说:"你与其那么死揪着小树等着饿死、摔死,还不如松开手,那毕竟还有一线希望呀!"说完,老人走开了。

放牛娃又哭了一阵,嘴里不停地骂老人见死不救。天快要黑了,上面的老虎还是不肯离开。放牛娃又饿又累,抓小树的手也感到越发没力气。怎么办?他又想起了老人的话,仔细想想,觉得也有道理。是啊,现在除了靠自己还能靠谁呢?这么下去,只有死路一条,而松开手落下去,也许就会获得生存的可能。

于是,放牛娃停止了哭喊。他艰难地扭过头,选择跳跃的方向。他发现悬崖下似乎有一小块绿色,会是草地吗?如果是草地就好了,也许跳下去后不会摔死。他告诉自己,怕是没有用的,只有冒险试一试,才能获得生存的希望。

就这样,放牛娃咬紧牙关,双脚用力一蹬,松开了紧握小树的手,身体飞快地向下坠落,耳边风声呼呼作响。他很害怕,但又告诉自己绝不能闭上眼睛,必须瞪大眼睛,尽量调整自己落地的地点。奇迹出现了,他落在了深谷中唯一的一小块绿地上!

后来,放牛娃被乡亲们背回家养伤。两年后,他又重新站起来了。的确,在当时的情况下,没有人能救得了他,他能依靠的只有自己。

人和其他生命的最大不同之处,就在于人懂得利用自己的力量去改变所处的环境,而不是一味地屈服和等待外来的帮助。不止在遭遇困境时要懂得靠自己抗争和自救，在人生道路上，无论是我们追逐梦想、建立事业、经营感情，还是人生长途中的每一步，都要明白上上签掌握在自己手里。不要一味环顾左右，不要一味等待伯乐出现，而是应该埋头沿着自己的跑道一步一步扎扎实实地前进，才能建立起自己坚不可摧的人生堡垒。

我们的人生，不掌握在我们之外的其他任何人手中。当你觉得梦想遥不可及而原地踏步、一心希望有伯乐相助的时候，你不知道，别人已经在一步步攀爬通往成功的高峰。也许有人相助，你可以将那段攀登的长路走得更快、更轻松，可是你不知道，你等待别人帮忙的时间，是否已足够让你用自己的努力登上成功的顶峰，摘下甜美的果实；你更不会知道，你荒废时间等待最终是否能换来伯乐的惠顾。

既然如此，从一开始就不要去期待别人来帮你度过自己的人生，从一开始就用自己的双腿毫不犹豫地向人生的顶峰攀登。别人的帮助也许可以帮你较快地逃离暂时的不幸，可是人生的漫漫长路却只有依靠内心的坚定和力量才能从开始走到终点。

上上签不在别人手中，只有那些懂得靠自己去应对困难、靠自己去追求梦想的人，才能在这场名为"人生"的攀登之中以从容和机智饱览最终的绝顶风光。

浇灌机会，收获机会

有句话说得好，弱者永远等待机会，强者总能抓住机会，而智者懂得创造机会。

常常有人抱怨时运不济，将一生的碌碌无为都归咎于运气不好，归咎于没有碰到好的机会。

但是，机会是什么？机会不是天上掉下的馅饼，而是一棵自己播种浇灌的大树，能收获多少果子，要看自己如何播种，如何灌溉，如何施肥。

一位著名主持人在微博中写过这样一段话：15岁的时候觉得游泳难，放弃学游泳，到18岁遇到一个你喜欢的人约你去游泳，你只好说："我不会啊。"18岁的时候觉得英语难，放弃学英语，28岁遇到一个很棒的但要会英语的工作，你只好说："我不会啊。"人生前期越嫌麻烦，越不去作准备，后来就越可能错过让你动心的人和事，错过新的风景。

正是如此，机会从来不是在某一刻突然降临的，而是在长久的静心准备和积累之后，某一天能力终于达到要求时，才会向你开启的一扇大门。"美辰良机等不来，艰苦奋斗人胜天。"机会和运气只留给那些有准备的人，只垂青那些懂得追求它的人。

机会和运气确实都是存在的，然而却不是靠守株待兔就可以等待来的。

幸运的人是积极准备、主动出击的人，而不是蜷缩在墙角，面前摆一只空碗等待幸运女神向碗里投入幸运币的运气乞丐。

从来都没有靠等待得来的幸运，当1977年恢复高考，有的人一举变成了天之骄子，有人说他们运气好，事实上，他们只是长久地学习和准备着；当改革开放后，一批人成为了中国第一群"万元户"时，有人说他们运气好，事实上他们只是长久地经营和努力着；当今时代瞬息万变，每天有无数的机会被人把握，总有人说成功者是幸运儿，而自己运气不好。其实从来就没有单靠运气带来的成功和失败，好运是给有准备的人的。不曾做出过百分百的努力，便没有资格抱怨运气。

只要观察一下当今社会的那些成功者，便不难发现，其实他们的机会都不是在等待中出现的，而是在积极付出中创造出来的。尽管在创造机会的道路中会经历风雨，但他们却苦尽甘来地等到了成功的时刻。

20岁时开始领导微软，31岁时成为有史以来最年轻的亿万富翁，39岁时身价一举超越华尔街股市大亨沃伦·巴菲特，成为世界首富，他就是比尔·盖茨。不少人把比尔·盖茨的成功称为难以置信的神话，但他不是靠幸运取得成功的。

盖茨是为电脑而生的，他从中学时期就迷上了电脑，每天都泡在电脑旁。后来以全国资优学生的身份进入了哈佛大学，他经常逃课，一连几天待在电脑实验室里，整晚地写程序、打游戏。

1975冬，盖茨和好友保罗从MITS的Altair机器得到了灵感，看到了商机和未来电脑的发展方向。于是他们给MITS创办人罗伯茨打电话，说可以为Altair提供一套BASIC编译器。就这样，两个月通宵达旦的心血和智慧产生了世界上第一个BASIC编译器，MITS对此非常满意。

3个月之后,盖茨敏感地意识到计算机的发展太快了,等大学毕业之后自己可能就失去了一个千载难逢的好机会,于是他毅然退学,然后和保罗创立了微软公司,自此走上了成功之路。

对于自己的成功,比尔·盖茨说:"你认为机会什么时候会来到?机会是我们自己主动去抓、去把握的。要是我等着别人给我工作的机会,那么现在我可能还是一个打工仔。微软最需要的,正是那些长期积累,并主动出击去把握机会的人。"

电脑发展带来的机会对于那个时代的每一个人都是平等的,然而只有那些早有准备、长期积累过的人才可能把握住这样的机会。在生活中,我们常常听人抱怨说"这件事太难了","学这个没有用",可是往往就是这些"太难了"、"没有用"的事情,最终决定了我们的幸运与否。

运气不会恰好飞到你面前,你必须主动去寻找、去追求,才能遇到属于你的运气和机遇。而只有经过之前漫长的积累和学习,你才有可能把握自己的运气和机遇。

因此,无论你所梦想的成功离现在看起来多么遥远,都别放弃追求和积累的道路。只有这样,你在下一个拐角与幸运相遇的时候,你才有能力紧紧把握住它,成就自己人生的一番事业。

将沙子磨砺成温润的珍珠

人生就是一出悲喜剧。无论是光鲜亮丽高高在上的成功者,还是身边平平淡淡的普通人,谁的人生都是风水轮流转,悲喜交加。每个人的生活都有顺风顺水之时,相对地也就有悲伤和不幸的时光。

每个人都希望自己的生活总是顺利的,人们也很容易从生活中发生的好事中汲取正面的能量。而对于逆境和不幸,人们总是唯恐避之不及。没有人希望自己的人生和悲剧沾上哪怕一丝一毫的关系,因为它是沉重且晦暗的。处在逆境的时候,人们总会不由自主地痛苦和消沉,甚至产生放弃人生的念头。诚然,人生中的不幸是值得同情的,但不幸对人生来说却也有不可估量的价值和作用,懂得这个道理的人,才能任由人生的风水轮流转,在顺其自然之中驾驭悲喜,成为时代的佼佼者。

美国作家斯蒂芬斯说:"每场悲剧都会在平凡的人中造就出英雄来。"纵观历史,不同时代,不同国度,确实有许多英雄人物都经历过不幸。比如《史记》的作者司马迁曾经被处以宫刑;《红楼梦》的作者曹雪芹家道中落,曾饱尝数十年食不果腹的贫寒日子;《命运交响曲》的作者贝多芬正值大好年华竟两耳失聪;美国最杰出的总统之一林肯在幼年丧母,中年丧子,初恋情人早逝,结发妻子曾患上精神病。

没人喜欢生命中晦暗的那一段,但去想想多少英雄在悲剧发生之前也曾是这个世界中的无名小卒，是悲剧成就了他们，让他们的声名和光辉在他们的生命消逝百年之后依然被人们所铭记。

这样的英雄，并不在少数。

米切尔本是一个身体健壮的青年人，但是悲剧在这一天突然降临。心情愉悦的他正骑着摩托车飞快地奔驰在一条笔直的公路上时，车祸发生了。

车行一半，当他习惯性地扭头看后方是否有车开过来时，没想到行驶在前面的大卡车突然刹车。电光火石间，米切尔为了保住性命，闪电似的将摩托车的把手压低，让车身侧倒滑进卡车底下。

没想到，就在这个危急时刻，摩托车的油箱盖突然绷开。悲剧不可抑制地发生了，油箱里的汽油溅洒出来，被摩托车和马路摩擦出的火花引燃。

当米切尔恢复意识时，全身70%的面积都被烧伤的他已经在医院的病床上躺了好几天。伤口让他痛得不能动弹，甚至连呼吸都极为困难。但是，米切尔并没有因为疼痛而放弃求生的意志，他不断地告诉自己："无论如何，我一定要活下去。"

很长一段时间，米切尔都生活在疼痛中。后来，他终于靠着坚强的意志力挺了过来，并且重新开始了新的人生与事业。可惜，命运又一次捉弄了他，因为一次飞机失事，米切尔的下半身从此瘫痪了。

在接二连三的不幸的打击下，米切尔也会委屈地想要大哭，但更多的时候，他是斗志昂扬的。就是在激昂的斗志下，身有残疾的他在当时成了美国最活跃的成功人士之一，除了事业有成外，更进入国会。

喜剧和悲剧都是每个人人生中的必修课。人人都很容易从喜剧课堂拿到高分，而悲剧的课程却艰深得多。而米切尔无疑就是悲剧课堂上一名优秀的毕业生。像米切尔这样的人，完全值得我们称之为英雄，他用自己真实不屈的坚持和奋斗告诉我们，无论人生遇到怎样的悲剧，即使他的双腿再不能站立，他的精神却站在了人生更高的顶峰上。

茨威格说："命运总是喜欢让伟人的生活披上悲剧外衣，并且在他们前进的道路上设置重重障碍，以便让他们在追求真理的征途中锻炼得更加坚强。命运戏弄着这些伟大人物，但这是大有补偿的戏弄，因为艰苦的考验总会带来好处。"当悲剧降临到我们的人生时，既然不能逆转时间去改变已经发生的事，那么就调整心态，就当是披了一件悲剧的外衣，而只有这样的外衣，才能帮助我们穿过极寒的地带，登上成功之巅。

伟大的科学家斯蒂芬·霍金也是一个披上了悲剧外衣的人。

在轮椅上生活了几十年的霍金曾经写下过这样一段文字："我的手指还能动，我的大脑还能思考，我有终生追求的理想，我有爱我和我爱着的亲人、朋友，我还有一颗感恩的心。"

如此乐观、豁达的霍金并不是生来就坐轮椅的。在青年时期，他曾是牛津大学公认的最有前途的明星学生，曾获奖无数。但是在大三那年，他突然发现自己身上出现了一种奇怪的症状，他的手脚一日不如一日灵活，他走路时还会无缘无故地跌倒。

经过专家诊治，霍金悲伤地了解到，自己患上了运动神经病，这种病会让自己的肌肉慢慢地、持续不断地萎缩、硬化，并且无药可医。这就意味着，一向健硕的霍金要拖着自己虚弱无力的身体在轮椅上度过下半辈子。

不幸的事情还远远没有结束，在全身瘫痪数十年后，身体虚弱不堪的霍金意外感染了肺炎。为了他的安全着想，医生不得不为他进行气管切开手术。手术很可怕，要在他脖子及气管上切一个口子形成通气孔，这样一来，霍金就再也不能说话了。

没有了灵活的双腿，没有了健康的体魄，没有了说话能力，霍金饱尝了生命中的各种不幸，但是坚强的他并没有因此放弃生命，也没有因为委屈而整日抱怨，他说："生活是不公平的，不管你处境如何，都只能全力以赴。"

就是因为这份积极乐观的心态，帮助霍金不断开发自己的潜力。现在，他已经跻身世界上最著名的物理学家之列，并且拥有12个荣誉学位，3个子女，1个孙子，是英国皇家协会的特别会员。

上天给了霍金远远高过凡人的头脑，这是霍金的喜剧，但同时，上帝又一点点将身体的功能从霍金身上剥夺，这是霍金的悲剧。而就在这人生的悲喜轮转之间，霍金一方面安然地接受了生命加诸自己的所有悲喜，一方面同时积极地面对命运，最终成就了自己。这样的一个人自然也会被列入英雄之列。

孟子曰："天将降大任于斯人也，必先苦其心志，劳其筋骨，饿其体肤，空乏其身，行拂乱其所为，所以动心忍性，增益其所不能。"意思是说，当上天要将一件重大的任务交给一个人时，定要先让他经历种种考验，以此磨炼他的心性，让他增添原本没有的能力。也许不是每个人都会遇到如米切尔、霍金这样巨大的悲剧，但是，如果我们能从生活的每一次坎坷中汲取前进的力量，我们就能够获得更加坚挺的脊梁，就能开创出一个崭新的人生。

沙子嵌入蚌柔嫩的肉中，似乎是蚌的不幸，蚌却在饱受磨砺的痛苦中诞出了温润的珍珠，成就了自己的幸运。人生有喜剧的馈赠，也总免不了悲剧的磨砺，而只有经得起这所有的悲喜，以安然的心态面对人生的福祸变换，才可能成为平凡人生里的英雄豪杰。

每一场喜剧都播撒着幸福，而每一场悲剧也都造就着英雄，因此，无论人生是怎样的一出悲喜剧，都别放弃平凡人生中的英雄梦想。要知道，只有坚持住风雨的打击，才能看到彩虹的美丽。

给幸福创造机会

人活一生，总有那么多的事情让我们感叹：命运是如此的不公平。

运气，当我们面对人生的失意，当我们看到别人的成功和自己的平凡时，我们常常习惯性地把原因归于这两个字。

可是你有没有看到，曾经那个考试成绩总不如你的同窗最终考入了名牌大学，曾经那个找不到工作的人最终创业成功，曾经那个低声下气向你借钱的朋友最终获得成功……

运气，也许从来就没有绝对的运气。

因为，好运气能"制造"。

心态有时会决定人的命运，积极心态就是转运的阳光。它会让你看到生活的另一面正阳光灿烂，激发自身内在的积极力量和优秀品质，最大限度地挖掘自己的潜力，事情就会向有利于我们的方向发展。

电影《倒霉爱神》恰恰为我们展示了这个事实。

女主人艾什莉好比上天的宠儿，始终受着生活的眷顾：随便买一张彩票就能够中头奖；在繁忙的纽约街头想要搭计程车，很快就有好几辆车都向她驶来；毕业后不费周折就在一家知名的公司做了项目经理。她的生活和工作可谓是一路畅通，惬意而幸运得让人忌妒。

男主人杰克好比世上的天煞霉星，有他出现的地方就有霉运：医院、警察局、中毒急救中心，是他经常光顾的地方；新买的裤子看上去好好的，可一穿就断线；工作上他更没有艾什莉那么幸运，他不过是一家保龄球馆的厕所清洁员。

看到影片中这些零碎的片段时，众人不禁哑然失笑，但也会感慨：同样是人，怎么差别这么大？有人就是幸运，有人就是倒霉！其实，这不是运气的问题，而是心态在发挥作用。对于艾什莉来说，她的内心充满着阳光和自信，她所做的一切都在朝着最好的方向努力，这样积极的生活态度，自然让她享受到了惬意而美好的生活。反观杰克，他时时刻刻担心着厄运发生，注意力都放在了倒霉的事情上，似乎他人生的唯一目的就是避免倒霉事的发生。这样毫无阳光的心态，自然将自己置于了倒霉的阴云之下。

美国企业家理查·狄维士也曾告诫我们说："人们需要保持着内心积极的力量，从始至终，永不放弃。特别是在人生中不如意、不顺心、不快乐的阶段，更是需要拥有充足的心灵资源来支撑度过。"

因此，等待运气不如创造运气。在面对人生中不可避免的苦境和不幸时，不要一味地沉浸在内心的阴暗和痛苦中。只要我们始终以乐观、向上、积极的态度面对人生，人生自然也会向我们露出笑脸。正如歌中唱的："只要踮起脚尖，就更靠近阳光。"

李琳出生在一个条件很好的家庭，父亲是外科医生，母亲在著名大学任教。她的家庭对于她接受教育、追求理想来说可以提供很大的帮助和支持。李琳从小就相信自己会拥有比父母更成功的事业，会让所有人都记住她的名字。上中学时，她就开始梦想成为一名模特，她个子很高，她相信自己只要能瘦下来就一定可以成为一名优秀的模特。

可是她为梦想做了什么呢？什么都没有。她每次下定决心减肥，总是禁不住零食的诱惑，有时候好不容易坚持节食了一个月，开始有了效果，却因为和朋友出去聚餐而从此前功尽弃。如今已经30岁的李琳常常哀叹自己运气不好，没有成为模特的命。

而另一个叫刘梅的女孩却实现了李琳的梦想。小时候的刘梅是一个小胖妞，常常因为胖受到同学的嘲笑甚至是欺负。为了改变这样的境况，刘梅戒掉了自己最喜欢的汉堡和比萨，并办了健身房的会员卡。之后整整两年，无论朋友吃着怎样的美食，刘梅都是吃着精心搭配分量的蔬菜、肉类和碳水化合物；无论学习多么忙碌，每天都要腾出一个小时锻炼身体。

这样的日子无疑是枯燥而辛苦的，然而就靠着这样的生活，当初的小胖妞变成了有着健美身材的美丽女孩，并在刚刚进入大学就被校礼仪队选中，最终在毕业后成为了一名职业模特。

有句话说得好:"命运不济是失败者的借口。"如果一个人总是认定别人能够成功全是因为幸运女神的垂青,却看不到努力的作用,这样的人除了一味地怨天尤人外什么都不会,又怎么可能收获自己人生的成功?

运气不是与生俱来的,而是由人生的一举一动、一砖一瓦构筑出来的。一个从不努力的人,自然不会得到丰收的运气;一个总是怨天尤人的人,自然不会得到乐观的运气;一个永远不敢尝试新鲜事物的人,自然不会得到打破成规、创新天地的运气。

著名剧作家萧伯纳曾说过一句非常富有哲理的话:"人们总是把自己的现状归咎于运气,而我不相信运气。我认为,凡出人头地的人,都是自己主动去寻找自己所追求目标的运气;如果找不到,他们就去创造运气。"所以,当我们苦苦等待,却依然没有遇到幸福的机会的时候,何不主动给幸福制造一个机会呢?

向幸运女神微笑

每个人都希望自己的人生可以一帆风顺,希望可以得到幸运女神长久的垂青。可是究竟如何才能将运气抓在手中呢,最简单的答案就是:保持微笑。

是的,微笑能给人带来幸运。不幸发生时,当所有人都在哭泣,那个不把时间浪费在痛苦上,而是微笑着积极处理危机的人,便能最先告别不幸;陷入绝境时,当其他人都唉声叹气追悔莫及时,那个不沉浸在后悔情绪中,而是微笑着寻找新的可能和机遇的人,便能最先走出绝境;疲惫失落时,当所有人都意志消沉垂头丧气时,那个不被消极情绪打败,微笑着着手整理自己人生的人,便能最先迎接阳光。

其实运气很多时候只是摆在我们人生面前的一面镜子,当我们冲它笑的时候,它就对我们报以笑容;当我们冲它愁眉苦脸的时候,它也只能还我们以愁云惨淡。

华丽丝出生在索马里的沙漠,机缘巧合之下,随索马里驻英国大使夫妇来到位于英国的索马里大使馆做起了女佣工作。那时的她只会说一两句从电视中听来的英语,除了打扫卫生什么都不会。

后来索马里爆发战争,旧政府被推翻,大使馆也不再具有合法性。华丽丝流落在英国街头,既没有合法身份,语言也不通。她好不容易找到了一份在快餐店清洁的工作，每天从早到晚地忙碌着。

华丽丝的英语并不足以和别人进行日常沟通，但是她习惯以大使馆女佣的周全礼仪向每一个客人露出诚恳的微笑。

这一天是华丽丝的幸运日，一位客人在快餐店用餐时看到了她的笑容，便将自己的名片交到了她的手里。而这个男人就是伦敦首屈一指的时尚摄影师，很多明星和模特都以能和这位摄影师合作为荣。经过了数日的犹豫之后，华丽丝最终按照名片上的地址敲响了摄影师的大门，也第一次做起了不需要拿着扫帚和簸箕的工作。

就这样，华丽丝从清洁女工一跃变成了时尚界的新宠，成为了世界上最炙手可热的名模之一。除此之外，那个曾经连英语都不会说的女孩，如今作为联合国的一员在世界各地奔走演说，为改善非洲女性生存状态尽着自己的力量。

华丽丝讲起自己的经历时，常常有人感叹她实在是太幸运了。可是仔细想想，相比于这个世界上绝大多数人，出生在索马里战乱的沙漠里是件多么不幸的事情。华丽丝并不是上天的宠儿，她的幸运来自于她的笑容和积极的生活态度。在伦敦，比这个非洲女孩更加漂亮、更加时尚、更加有明星气质的人太多太多了。而华丽丝比他们幸运的地方，只是在于她会向每一个人露出诚恳的微笑，而最终，幸运之神也终于对她报以微笑。

没有人会喜欢一个总是责问自己"为什么不对我更好一点"的人，但是没有人不会对一个善意的微笑而心存善念。微笑改变的是每一个收到笑容的人的心情，而就在这样的过程中，身边的世界也就随着变得充满善意，幸运也就随之降临。

杨宁是一名普通女公交司机，在2008年由某报社主办的青春榜样评选活动中，这个普通的女孩却脱颖而出。而她入榜缘由一栏的四个词中，第一个就是"微笑"。

杨宁永远微笑着对待每一位乘客，常常有腿脚不便的老人乘车，她微笑着耐心地等待老人找到位置坐好；乘客来问路，她永远微笑着耐心回答；她还在车上准备了市区地图、小药箱等，遇到需要的乘客，她也永远微笑着将东西递上。

杨宁说："我始终没有觉得自己比同事们付出得更多，能幸运地得到这样的荣誉，不过是因为我爱笑。"微笑，不仅传达出了杨宁的善良，也为她迎来了幸运女神的垂青。

微笑是这个世界上最美丽、最有力量的语言。它将我们的心和别人的心用嘴角温柔的弧线连接起来。由此，让我们不再是广大世界中小小的孤家寡人，而成为世界不可或缺的一员。

就像天上不会掉馅饼，幸运从来都不是凭空掉下来的。只有那些愿意首先向幸运女神报以微笑的人，才会得到幸运女神微笑的回馈。

繁华三千，看淡即是云烟

美国著名的企业家理查·狄维士曾经将毕生卓越的经营理念归结为"积极思考"，或称为"积极心态"。他认为："拥有积极向上的心态，这是培养领导力、取得事业进展的关键；生活在当下的每一个人，都需要掌握积极思考的智慧。"

积极的心态可以用积极的思想、语言不断从内心深处进行自我暗示，从而使心理状态得到自我调整。积极的心态，换句话说就是这样一种心态：假想你是幸运者。

美国最受尊崇的心理学家威廉·詹姆斯就曾说过这样一句话："我们的时代成就了一个最伟大的发现——人类可以借着改变自己的态度，改变自己的人生！"

一次，美国总统罗斯福的家中被盗了。消息传出后，亲朋好友纷纷前来安慰他。

但罗斯福似乎并没有把问题想得有多么严重，他反而劝慰亲朋说："对于我来说，这实在是一件值得庆贺的事。第一，他只偷去了我的财产，而没有要我的命；第二，他偷去的只是我的部分财产，而不是全部；第三，做贼的是他，而不是我。"

如果我们也能像罗斯福那样，从积极的角度进行自我暗示，那么沉重的悲剧也有可能完全转化为轻松的喜剧。

人活一世，会遇到许许多多的烦恼。懂得给自己积极暗示的人，相信自己是个幸运者的人，总在心中做一个更坏的假设来和事实对比，因而他们总是能看到更好的一面；而不懂得给自己积极暗示的人，总是沉浸在悲观的情绪里觉得今不如昔，烦恼也就会很多。

詹姆士·艾伦在《人的思想》一书中说："一个人会发现，当他改变对事物和其他人的看法时，事物和其他人对他来说就会发生改变。要是一个人把他的思想朝向光明，他就会很吃惊地发现，他的生活受到多大的影响。人不能吸引他们所要的，却可能吸引他们所有的……能改变气质的神性就存在于我们自己心里，也就是我们自己……一个人所能得到的，正是他们自己思想的直接结果……有了奋发向上的思想之后，一个人才能奋起、征服，并能有所成就。"

如此，也许不能直接改变客观事物本身，但却可以引导我们转换视角，改善个人的精神状态。以积极的态度对待不幸，不但可以将不幸造成的损失或带来的不良后果降到最低，甚至有可能影响事物发展的方向，改变自己的不利处境。

某院士虽然一向健康良好，但也曾经出现过一次"身体危机"。某天晚上，他一如往常地工作至很晚，突然感到胸口不适，呼吸困难，幸亏抢救及时，做了心脏支架手术，才算康复。

就在这位院士情绪十分低落之时，他接到了表哥的电话，出乎他意外的是，表哥的第一句话便是："祝贺你！"

院士顿觉莫名其妙，随即感到有些怨愤。他心想："我这么倒霉，还有什么好祝贺的？真是不安好心。"

没想到表哥接着说："之所以祝贺你，第一是因为你这个病没有发生在出差途中，可以及时地送到医院；第二，梗塞的只是很小的一段血管，不是重要部位；第三，这件事正好给你一个警告——要注意身体了！"

听完表哥的这段解释，院士豁然开朗。从此，他格外注意劳逸结合，饮食平衡；改掉了爱发脾气的毛病，学会了控制自己的情绪。几年以来，他的身体状况一直很好。没想到，"倒霉事"却变成了"好事"。

哈佛大学的詹姆斯教授指出，细如发丝的想法常常能在很大的程度上改变一个人的思维模式。无论是好的想法还是坏的想法，总能在头脑里留下它的痕迹。每个反复出现的想法总是试图强化一种思维习惯。所以，如果我们的脑子里充满了不怀好意的消极念头，那么良好的性情也就无从谈起了；而一个简单的"我是幸运者"的暗示却有可能从内心的积极变化开始，一点点转变我们所面对的现实问题。

要相信，我们很容易成为自己心目中所希望成为的那种人。不断地希望和追求那些更美好、更尊贵、更崇高的事物，那我们自然也会不断取得进步。头脑中的抱负总会在人生过程中得到展现，然而这种抱负取决于我们的认知水平。所以，要想有所改变，就应该给予自己积极的暗示，遇到事情先告诉自己"我是个幸运者"，然后，再按照所能达到的最好方向做出积极的努力。

凡事给自己积极的暗示，心中便是一片朗朗晴空。所谓境由心生，思维方式的差别，给人们带来的影响有时候会大不一样。当我们假想自己是幸运者时，我们便会期望机遇的降临，而为了能在机遇到来时把握它，我们便为此做出种种努力。就在这样的过程中，我们从一个假想的幸运者变成了彻头彻尾真正的幸运儿。

希望，让柳暗变花明

有个重病的人躺在床上，绝望地看着窗外一棵树被秋风吹得落叶飘零。她暗暗叹气说："等这棵树的最后一片叶子落下的时候，我的生命应该也就结束了。"于是，她终日望着树上的叶子，等着树叶落尽的那天。可是很快她发现，在枯叶之中，还有一片翠绿的叶子。无论天气怎样寒冷，风怎样凛冽，那片叶子依然翠绿如昔。

看着这片叶子，病人开始生出了希望。她想："难道是因为我的病还有救，所以老天故意不让这片叶子落下吗？"

带着这样的希望，原本气息奄奄的病人又开始好好吃饭，好好休息，重新配合本已放弃了的治疗。病人在身体终于痊愈之后才知道，那片给了她生的希望的绿叶，原来是画在墙上的。

这就是希望的力量。正是希望将一个危重的病人从死亡的线上拉了回来，重新获得了生命和健康。

正是因为有希望在前方闪着光芒，生命的意志才变得无比坚强而不可战胜。在挫折面前，希望是让我们继续走下去的最有力的支撑。就像一生致力于改变南非种族隔离体制的图图大主教所说："没有不可转变的情况，没有绝望的人。没有一种命运,会在最深刻的爱的激励下还保持原貌。"

电影《肖申克的救赎》里主人公安迪说:"怯懦囚禁人的灵魂,希望才可感受自由。"在最易磨灭希望的监狱里,安迪用各种方式提醒着自己和身边的人们:这世上还有无法用高墙铁栏围起的地方,是任何人都无法随意触摸的,这便是存在于每一个人心底的希望!只要有希望,一切就都有可能。

六年里,安迪每周给州长写一封信,希望得到捐助扩建图书馆。开始人人都说不可能,但他最终建成了全美最大的监狱图书馆,让囚犯们享受着音乐的洗礼,接触到外界的知识。在辅导年轻囚犯考取高中文凭时,安迪将对方揉烂的试卷从废纸篓中拾起,寄出,最终使对方获得了文凭认证。

希望是一种由内向外、运足精气后的力量,它让我们笃定地相信没有什么事情是不可能实现的。无论是在天塌的挫折前,还是在地陷的灾难中,只要默念着这个词语,心灵的温度便永远不会让生命冻伤。正如拿破仑·希尔所说:"幸运之神要赠给你成功的冠冕之前,往往会用逆境来严峻地考验你,看看你的耐力与勇气是否足够。"

人生如四季,总有温暖明媚的日子,也免不了风雪交加的夜晚。而希望是炎热夏季的一缕微风,是寒冬腊月的一丛火焰。希望让我们身处繁华之中的时候不会沉溺安逸而忘却梦想,也化作一颗北极星,在凄冷的长夜为我们指明方向。

希望是人生最好的礼物。只要还怀有希望,人就总有努力下去、追求下去、前进下去的不竭动力。是希望,让人生不再只是日出而作、日落而息周而复始的无尽徭役,而成为一条充满着风景、充满着喜悦、充满着期待和未知的美丽旅途。

第二章

人生如品茶，苦中自有甘甜

人生是一个圈,苦和甘,顺和逆,共同组成了一个完整的圆。逆境的时候,不妨打开心扉,让阳光照射进来。人生如品茶,苦尽方能甘来。

假如生活欺骗了你

人在自己的哭声中来到这个世界，又在别人的哭声中告别这个世界。这样看来，似乎人生是一个苦涩的历程。

的确，对于人生，我们总是有太多的不满意、不如意。

每个人都面对着生活中的种种无奈，有些人就此怨天尤人，整天生活在忧郁之中。然而一个人在这个世界上想要获得成功和幸福，就要成熟起来，摆脱满心忧愁和抱怨，做一个用双手改变境况、开拓人生道路的强者。

人生是苦涩的，也许如此。上天眷顾的人毕竟只是少数，而我们只是那大多数中的一员。既然这样，我们又何必为此耿耿于怀呢？怨恨和抱怨不能改变我们的处境，只能让我们变成满怀暴戾之气、满心逼仄之态的令人生厌的形象，这样更不利于我们改变自己的生活，更无法去追求幸福。只有不成熟的孩子才会为了得不到想要的玩具而抱怨不已，一个追求幸福的人知道如何从人生的无奈中发掘希望。

人生如茶，难免苦一阵子，却不会苦一辈子。只有先咽下最初的苦涩，所有的甘甜、清香才会从喉咙深处屡屡回味。

综观现代社会，真正的成功者很少是含着金钥匙出生的，而是这样一种人——他们很早就品尝过生活的苦涩，并且知道苦涩将在人生中长期存在。对此，他们不会愤怒抱怨，也不会诘问命运，更不会惊慌失措，而是将苦涩当成人生百味中不可或缺的一部分去应对、去体味。当生活不可避免地陷入苦涩中时，他们能够温和宽容地对待，以忍灭嗔，并等待苦味散去、甘甜涌起的那一刻。

在这方面，文艺复兴时期英国最杰出的戏剧家和诗人莎士比亚是一个经典的楷模！

莎士比亚在很小的时候就接触到了剧团演出，他惊叹于一个小小的舞台竟能演出一幕幕变幻无穷的戏剧来，便暗下决心：要终生从事戏剧事业，当个戏剧家。但是，当时英国的戏剧工作是一个高级的职业，活跃着一批受过高等教育，而且在戏剧方面有些成绩的职业剧作家。他们垄断了剧坛，根本不许普通人插入。

为了更加接近戏剧事业，莎士比亚主动到戏院做马夫，专门等候在戏院门口伺候看戏的绅士。待表演开始后，他就从门缝或小洞里窥看戏台上的演出，边看边细心琢磨剧情和角色。回到家后，他时常模仿台上人物和戏剧情节，有声有色地演戏。他还发愤地翻看文学、历史等方面的书籍，自修希腊文和拉丁文，掌握了许多戏剧知识。

终于，莎士比亚等到了一个上台表演的机会。有一次，剧团需要临时演员，莎士比亚"近水楼台先得月"。由于出色的理解力和精湛的演技，他的表演得到了大家的肯定，不久就被剧团吸收为正式演员。之后，莎士比亚大量阅读各种书籍，了解了各国的历史和人民不幸的命运。27岁那年，他写了历史剧《亨利六世》三部曲，正式进入了伦敦戏剧界。1595年，他又写了《罗密欧与朱丽叶》。剧本上演后，莎士比亚名震伦敦，成为英国戏剧界大师级人物。

面对周围不尽如人意的环境，莎士比亚并没有整天抱怨人生的不如意，而是从戏剧界最底层的马夫做起，努力学习戏剧知识，最终成为了一名闻名海外的戏剧家。

普希金有一首短诗《假如生活欺骗了你》："假如生活欺骗了你，不要忧郁，不要愤慨；不公平时，暂且忍耐。相信吧，快乐的日子将会到来。"当生活显得艰难和苦涩时，不要做一个不成熟的只会埋怨的孩子，也不要空想着奢望成为上帝的宠儿。要做个强者，将生活的苦酒举杯饮尽，苦涩过后，甘甜自来。

忌妒，缘于你不够优秀

看到别人拥有自己想要却没有的东西，人难免会生出对对方的羡慕和对自身境况的失落。如若这种羡慕和失落持续发酵，转为对对方的敌视，忌妒便随之而生。

当我们开始忌妒一个人的时刻，也就是我们向对方投降、承认了自己不如对方的时刻。

忌妒是失败者的专利，是毒害自己内心的毒药。只有弱者才会让忌妒蚕食自己的内心。当看到别人取得成功的时候，贤者会发自内心地为对方喝彩，强者会感受到棋逢对手的快乐，只有弱者、只有失败者才会恶毒地忌妒，而这忌妒的根源，其实只在于自己的无能。

习惯忌妒的人，最难以忍受的就是看到别人比他更有能力，比他更风光，他们内心会有一种摧毁对方的冲动，即使那并不能给自己带来实际的好处。

忌妒一旦产生，便会在心里无限制地扩张起来，把人的心境逼入牢笼，逼入窄巷，逼入死胡同。即使平日里是心宽之人，一旦怀了忌妒，便也成为小肚鸡肠之人，总怀疑对方每个举动都在炫耀，总觉得对方每个举动都在奚落自己。于是，一方面拼命抹黑攻击对方，一方面自己心里又妒火中烧，气愤难平。结果便是既使得人际关系失和，又让自己心中不快。

人们为什么会产生忌妒情绪？因为别人拥有了自己所没有的东西，特别是当人们认为自己的条件并不比对方差，却还是被对方抢占了机会时，忌妒的情绪就会铺天盖地袭来。说到底，忌妒源自小肚鸡肠，容不得别人比自己优秀。每个人或多或少都有忌妒情绪，如果不能宽心一些，把事情想开，把自己和他人看清楚，忌妒就会没完没了，人们也会一直被它摆布。

一块石头卧在山上，享受阳光雨露，生活很惬意。这天，老石匠来选石头，恰巧选中了它。它被锤子敲，被砧子磨，被火烧，痛得它对老石匠大叫："你怎么可以这样对待我？我不干！不要再这么折磨我！"老石匠没办法，只好把它磨了几下，当作寺院的一个台阶，另外选了石头完成他的工作。

老石匠另选石料雕琢了一座石佛，石佛刻得细致庄严，让人心中肃然起敬，观者如潮。被做成石阶的石头很是不快，对那石佛说："真不公平，同样是石头，同样被老石匠选中，为什么你可以接受别人的顶礼膜拜，我却只能被他们踩来踩去？"

石佛说："这并不怪我，当初，你如果能经过几百万次锥心刺骨的捶打，现在坐在这个香案上的就是你。难道你以为，被砸几下、磨几下就能让别人欣赏你？你受的苦难太少，也只能做一个普通的石阶。"

忌妒不能使境况改善，只能是在原本的不如意之上再加一把煎熬的妒火。只懂得忌妒的人永远一事无成。所以，当你忌妒别人的时候，不妨先想想他人成功的道理。绝大多数时候，他人获得的东西比你多，是因为他们付出的努力比你多，承受的压力比你大，担负的责任比你重。把你换在他的位置上，你未必做得好。

与其忌妒别人身在高位，抱怨自己怀才不遇，何不马上去寻找机会；与其忌妒别人的风光，抱怨自己虚度光阴，何不马上找点事做；与其忌妒别人才华横溢，抱怨自己条件不好，何不立刻去充实自己……停止你的忌妒，让你的心宽一些、再宽一些，你会发现与其沉溺于鸡毛蒜皮的琐事，不如尽快行动起来，改变此刻的境遇，如此，你才能有更广阔的人生。

通过行动，你可以选择自己成为什么样的人，甚至超越你忌妒的那个人。不要把你的时间浪费在忌妒上，要调动所有因素来增加自己的资本，学习对方的优秀之处，缩短两个人的差距。改变生活的是踏实的态度，而不是一肚子酸水，整天为无聊的事喷口水。

要知道，化解忌妒之心的最好办法就是化忌妒为动力。古语说："天生我材必有用！"不要把自己的同事或者朋友当成竞争对手，而要把这种忌妒之心转化为一种前进的动力，学会欣赏别人，把忌妒转化为一股正能量，使自己达到一种更高的境界。

汤姆是美国一家小图书馆的职员，每天的工作就是整理书籍，负责读者的借阅，有时候还要修补坏了的图书。

这是一个薪水很低却清闲的工作，没什么升职加薪的希望。每个职员都懒洋洋的，看着图书馆长工作轻松，每个月都有机会外出考察，忌妒情绪不知不觉滋生。他们越来越不喜欢工作，因为"馆长什么都不做就有高薪，为什么我们要累死累活"。只有汤姆从来不说这种话，他不认为这种酸溜溜的语气能够改变自己的境遇。

这天，馆长突然对他们说："最近日本发生了地震，虽然不是我们国家的事，但上面有意借着这个机会做一次逃生教育，你们快去做一个如何在地震中逃生的小册子，作为知识手册发给来图书馆的读者。"

职员们都不太高兴，他们问：

"为什么不找专门的作者？"

"有加班费吗？"

"这并不是我们的工作吧？"

只有汤姆，立刻找了与地震相关的书籍，拿回家开始整理这本小册子，为了更全面，他还找了面对其他灾害（如台风、海啸等）时需要采取的应对措施。这些工作用了五天时间，五天后，他把弄好的稿子交给了馆长，馆长看了他一眼，并没有说什么。

小册子顺利印刷，免费发放给借书的读者，馆长还在小册子上特别加上了汤姆的名字，这为汤姆带来了名气，很多杂志找他约稿，让他多了不少额外收入。更让他意外的是，那次以后，馆长每次外出都带着他，有什么重要任务都交给他。没几年，他就成了副馆长，成了同事们忌妒的第二号人物。

因为心胸宽阔，所以当别人忙于忌妒、抱怨的时候，汤姆扎扎实实地做着自己的工作，并最终得到了回报。而那些忌妒的人，永远只能成为生活中的弱者和失败者。

是的，这就是忌妒所付出的代价。心胸宽阔的人懂得这样的道理：与其空说闲话，还不如把自己的优秀展现出来，化忌妒之心为动力，让自己变得更优秀。

及时扑灭忌妒之火，才能维持心灵的安静平和。每个人都应该有容人之量，即使你很优秀，总会有人比你出色。记住，一旦你忌妒他人，就是承认自己不如对方，承认自己没有能力超过对方。与其忌妒其他花朵的芬芳，不如和它们一起，各自展示各自的美丽，组成完整的春天。

不要让忌妒过久地缠绕着你，真正优秀的人都是心灵的胜利者，不会看着别人的收获而心生怨恨，而是躬身去耕种自己的果园，于是他们的生活中也就充满了沁人的甘甜。

名利障目，不见幸福

西方哲人蒙田曾告诫我们："人生最艰难之学，莫过于懂得自自然然过好这一生。"不被名利所累、自然而然过好一生，对每个人来说，这都是一个既平易又艰深的课题。

生活在都市的很多人总是喊着活得太累，工作压力大、生活负担重、人际交往复杂。为什么会这样呢？这正是因为很多人放不下功名之心。功名利禄是我们内心的枷锁，看得越重，枷锁就会越多，我们就越是难以挣脱。佛家有段偈语："天也空，地也空，人生渺渺在其中；日也空，月也空，东升西坠为谁功？金也空，银也空，死后何曾在手中！妻也空，子也空，黄泉路上不相逢！权也空，名也空，转眼荒郊土一封。"任何事情，都不曾掌握在我们手中，因为我们只是人生中的过客，终有一天会归于尘土。

我们忙着追求各种诱惑，金钱的诱惑，地位的诱惑，名利的诱惑。就在这诱惑的"忙"中，我们早已不自知地成为了功名利禄的奴隶。

有人推举庄子去做官。而生性自由不喜羁绊的庄子知道自己不适合名利场中的生活，就打了这样一个比方。

庄子说："你看那些太庙里被当作贡品的牛马，当它们没被宰杀的时候,披着华丽的装饰,吃着最好的草料,的确是风光无限。但是一到了太庙,作为贡品任人宰杀的时候,再想恢复到之前自由自在的生活,还可能吗?"

现实生活中,有多少人正如庄子所说的太庙里的牛马一样,沉浸在虚无的名利场中享受着华丽的装饰和奢侈的生活,却在不知不觉中丧失了自由,甚至最终被名利之心吞噬了生命。

历史上有这样一个故事,正和庄子所打的比方不谋而合。

李斯是秦朝的开国功臣,以卓越的政治远见和出色的能力辅佐秦始皇统一六国,建立秦朝,并出任丞相。但是,李斯一生追求名利地位,为了地位,他与宦官赵高勾结,害死公子扶苏,扶持胡亥成为皇帝。

而在一味追求功名利禄的过程中,李斯和赵高产生矛盾,被赵高谋害,全家获罪。李斯被腰斩前,曾悔恨地对身边的儿子说:"真希望能和你像以前一样去山里打猎。"即将被腰斩的儿子流下眼泪。

司马迁说:"天下熙熙皆为利来,天下攘攘皆为利往。"人活于世,追求名利是一种常态,一个人想要实现自身的价值,想要让更多人了解、尊重,这样的"名"是每个人需要得到的;一个人想要通过努力累积财富,改变自身的条件、个人的生活,这样的"利"是每个人自然要追求的。然而,凡事有度,最难得的,就是把握好追求人生意义的实现和一味沉醉功名利禄之间的那条线,不要由名利生出贪婪之心,最终害了自己。

功名利禄皆为尘土,有多少人曾为了功名不惜代价,最终众叛亲离,终于登上成功顶峰的时候才觉得高处不胜寒；多少人曾为了利益不择手段地敛财贪钱，最终却锒铛下狱；多少人为了一时的得失陷害忠良，最终落了个千古骂名。因为过度地追求名利反而失去了人生的快乐和幸福，这样的人生又有什么幸福可言？

传说在很久以前，一位仙人被一个农夫所救。仙人万分感激，为了报答农夫的救命之恩，于是送给他一件宝物。这件宝物可以变出许多的金银珠宝，但条件是必须以自己的寿命作为交换。仙人一再叮嘱农夫，切莫一再交换，否则将会生命殆尽。

农夫回到家里，用自己十年的寿命交换了第一批珠宝。这使他从一个穷困的农夫变成了城镇里一等一的大财主。可他并没有满足，为了使自己的生活变得更加奢侈富足，他一次又一次地以自己的生命交换着财富。

直到有一天，仙人再次云游到此地，在城郊的一棵大树下看到了只剩下一口气的农夫。只见他气若游丝，眼看就要不行了，可怀里还是紧紧地抱着那件宝物不肯放手。

仙人看到这一幕，十分地痛心。他走到农夫面前，叹道："你这个人哪，到死你还无法摆脱一个贪字啊！也罢，这世间如你这般舍命不舍财、至死不悟的人多了去了！"

在现实生活中，我们的所作所为和农夫并没有本质区别，都是在用青春、生命来交换财富。过上好的生活是我们的追求，但为了金钱耗损全部精力，就有点得不偿失。因为除了财富，生命中还有很多重要的东西，例如感情、爱好、追求……共同构成了我们的生活，一味追求金钱，必然会耽误到其他方面。生命的美在于它的丰富、辽阔和无限可能，如果仅仅被"名利"二字一叶障目而忘却了生活的意义，那么这样的名利就成为了摧毁我们生活的利刃。

面临名利的诱惑时，只有以一颗平常心，剥开欲望外壳花花绿绿的美丽包装，才能够守住自己的内心。《菜根谭》对人生之"欲"有过这样的精辟论述："人生只为欲字所累，便如马如牛，听人羁络；为鹰为犬，任物鞭笞。若果一念清明，淡然无欲，天地也不能转动，鬼神也不能役使我，况一切区区事物乎！"而所谓"一念清明"，便是以一颗宁静的心，看淡名利得失，守住生命最本源的需求和美好，让浮躁的心在面对纷繁的诱惑时可以静下来。只有这样的人生，才能收获真正的幸福。

又寂寞，又美好

有一本画册的名字很美，叫作《又寂寞，又美好》。关于寂寞而美好的画面我们可以想到多少种？也许是寒冷的冬季，煮一杯热咖啡，慵懒地蜷在柔软的沙发里读一本好书；也许是夏日的午后，静静坐在公园树荫下的长椅上，看一只松鼠藏起一颗刚刚找到的坚果；也许是旅行的途中，躲开那些在一个个景点之间步履匆匆的旅行团，停下脚步欣赏墙缝中开出的一朵红色虞美人；也许是持续了很久的阴雨天气终于放晴，一个人躺在宽大的草坪上看着久违的蓝天和飞逝的流云。

这样的时刻,内心美好满足,不需与人分享。

提到独处,大多数人会不寒而栗,脑海中浮现出"形影相吊"、"孑然一身"、"举目无亲"等词语,其实这是对独处的误解。生活中,我们总是根据自己所处的位置扮演着相应的角色:温柔的母亲父亲、体贴的伴侣、称职的员工、孝顺的儿女、可靠的朋友……可是抛开这些身份和位置,我们真实的自己究竟是什么样的,却只能在独处中找到答案。

人的一生,就是同时在向两个方向探索,一个方向是向外的,是去了解外在的世界,而另一方向是向内的,是去了解自己。对于探索外在世界,人们充满了好奇和期待,而探索自己的内心,直面真实的自己,却更为困难。

美国著名哲学家、作家梭罗曾做过一个关于独处生活的著名实验。

他于1945年至1947年之间,独自一人在瓦尔登湖边搭了一个简陋的小木屋,并在里面生活了两年时间。他的屋内只有一张床、一张桌子、两把椅子和一个壁炉。屋中没有任何奢华的装饰,甚至没有一件多余的东西。

梭罗主动远离人群,在湖边过着离群索居的简单生活。他自己砍树建筑木屋,自己捕鱼,自己猎土拨鼠、兔子和鹧鸪,自己种各种蔬菜。在劳作之余,他会独自到山林里研究辨别各种树木,还在湖边观察鸟类、鱼和昆虫。当夜幕降临后,梭罗便在自己建的小木屋中,偎着壁炉阅读、思考以及写作。

在这样的生活中,梭罗说自己感受到了上帝对于世界的恩赐。尽管孤身一人,他的内心却从未觉得寂寞难耐。相反,这样简单的独处生活让他内心更加充实，思维更加清晰，也更加地了解自己。他在他的著作《瓦尔登湖》中说："我喜欢独处，我从未遇到比孤独更好的伴侣。"他选择在独处中了解自己，品读自己的内心。正是在这样的独处中，才有《瓦尔登湖》这部与自己灵魂对话的作品。

　　做真实的自己并不容易，在社会中，我们受着各种规则的约束。同时，我们也在为能成为一个更加完美的自己而努力着。然而，一根弹簧绷得太久总需要放松和休息一下。这样的时刻，不妨独处，回望内心本源真正的自己。只有这样，才能不被社会的压力扭丑了初心；也只有这样，才能认清真实的自己。

　　面对真实的自己是困难的，不只因为我们所扮演的社会角色，也来源于我们对于不完美的恐惧。

　　诚然，每个人都知道金无足赤的道理，可是面对自己，我们很容易被自己的缺陷弄得失望和沮丧，甚至全然丧失自信。于是，因为害怕面对自己的不完美，我们就像掩耳盗铃一样，拒绝面对真实的自己。

　　意大利人在建好比萨塔后，发现它在逐渐倾斜。当时，不管从哪个角度仔细审视，均属于建筑技术上的一抹败笔。在那个时候，也有人曾强烈呼吁要马上将它拆除掉。而在意大利人的内心深处，却早已默默接纳了这座形状不堪的建筑物。数百年时间过去了，比萨塔成为了这个国家最著名的建筑，这也是很多人之前无法预料到的。

　　其实，我们的一生更像是一个苹果，有的看上去没有任何疤痕，但是，看起来太完美的不一定是最甜的，而有的看上去有或多或少的明显的虫眼，但是，却甜味十足。是的，我们的一生，包括我们自己，一定会有很多的不完美，但是只要我们用一颗无比包容的心接受路上的风风雨雨，人生定会呈现彩虹般的美丽。

有一个农夫，他有两个水罐，其中一个上面有条裂缝，另一个完好无损。

农夫每天拿水罐装水，完好的水罐总能把水从远远的小溪运到主人家，而不完好的水罐一到家水就仅仅剩下了一半。于是，这只不完好的水罐开始自卑起来。

有一天，这只自卑的水罐在小溪边对主人说："我为自己每次只能运送半罐水而自惭形秽。"农夫听后很吃惊，说道："难道你没有看见每次回家的路旁那些盛开的鲜花吗？它们长在你那边，而没有长在另一个水罐那边。你看，带给我们漂亮风景的不正是这些鲜花吗！"

人要面对真实的自己，就要学会悦纳自己。我们的优点使得我们美丽动人，而我们的缺点却使得我们真实，使得这个世界更加多彩和有趣。

"我坚持我的不完美，它是我生命的真实本质。"这句西方格言告诉我们：没有所谓的完美，完美是不存在的，不完美不要紧，坚持做自己，体现自身价值才是最为重要的，而这也正是我们所探索的生命本质。

为了适应好我们的每一个社会角色，我们已经太努力地去回避我们的缺点，展现我们完美的一面了；而独处的时候，就收起这个完美的自己，像回家后脱掉高跟鞋换上一双柔软的拖鞋一样，回归本真的自己。

面对和接受最真实的自己，只有这样，你才不会在社会角色的变换中迷失自己，只有轻松愉悦地接受自己的优点和缺点，并不断自我激励，你的人生路上才会鲜花开遍。

知足，感受生活的美好

知足常乐。在物质生活不断丰富、人们可以追求的方向越来越多源、可以追求的范围越来越辽阔的今天，这句话有了更加深刻的含义。

"老婆，孩子，热炕头"的梦想随着时代的发展早已成为了历史，如今的人们总在追求着更丰富的物质、更多的享乐、更高的成就、更昭彰的声名。满足的界限已被无限地扩大，几乎很难有人能说出，要追求到哪里才算幸福、才算满足。

知足是福。只有知足的人才能以感恩之心看待这个世界，于是从世界中感受到无限的温暖和无尽的善意。知足的人才懂得领略"一览众山小"的绝妙风景，而对于不知足的人，永远只能陷于"这山望着那山高"的困境之中。

生活中，每个人都会有需求与欲望，但是需求与欲望要与本人的能力及社会条件相符合。一个人如果什么都想拥有，陷入贪婪的欲望沟壑当中，永不知足地索取，永不知足地追逐，最终只会身心疲惫却永远也感受不到幸福。

同样是半杯水，不知足的人会想"真倒霉！本来就够渴的了，好容易看到点儿水，还只剩一半"，而知足的人却会微笑着告诉自己"真是太好啦，杯子里还有一半水呢,渴了我还有半杯水可喝"。

苏格拉底单身时,和几个朋友一起住在一间很狭小的小屋里,生活非常不便,但他整天乐呵呵的。有一个人问:"那么多人挤在一起,你有什么可乐的?"苏格拉底说:"我们随时都可以交换思想,交流感情,这难道不是很值得高兴的事吗?"

过了一段时间,朋友们相继搬了出去,屋子里只剩下了苏格拉底一个人,但是他仍然很快活。那人又问:"你一个人孤孤单单的,有什么好高兴的?""一个人安静,我可以认真地读书,这怎能不令人高兴呢?"

几年后,苏格拉底搬进了一座七层大楼里,他住最底层。底层的环境很差,上面的人老是往下面泼污水,丢破鞋子、臭袜子等乱七八糟的东西,但苏格拉底还是很快乐。那人又问原因,苏格拉底回答:"住一楼出入很方便,而且还可以在空地上种花草……这些乐趣呀,数也数不尽!"

过了一年,七楼顶层一个偏瘫的老人上下楼很不方便,便与苏格拉底调换了房间,苏格拉底每天仍然是快快乐乐的。那人揶揄地问:"住第七层楼是不是也有许多好处啊?"苏格拉底说:"是啊!没有人在头顶干扰,白天黑夜都非常安静;每天上下楼几次,有利于身体健康;光线好,看书写字不伤眼睛……"

网上有首《知足常乐》的歌谣,颇觉玩味。其中几句歌词曰:"想想疾病苦,无病就是福;想想饥寒苦,温饱就是福;想想生活苦,达观就是福;想想乱世苦,平安就是福;想想牢狱苦,安分就是福……"如此想想,我们的人生不是早已充满了幸福,不是早已值得我们深深感激吗?

有这样一幅漫画,一个可爱的小孩正在数自己的手指,漫画标注着:

"你要用你的手指，数开心的事，还是不开心的事？"人一共就有十根手指，知足的人会把十根手指全用来数开心的事，然后感激地高呼："世界对我太好了！"而不知足的人却会把手指都用来数不幸的事情，而这样该是多么痛苦。

让我们以一颗知足的心，去数生命中每一天的快乐吧。喜也是一天，悲也是一天，何不快乐地过？不要执念于我们还未得到的东西，对我们已经拥有的常怀感激之心感谢阳光今天能够如此温暖地照耀着我，感谢空气能让我正常地呼吸。感受到了阳光，能正常地呼吸，说明我们还活着，这样知足，不是美好许多吗？

一位退休的公交司机站在曾经与自己朝夕相处的公交车面前鞠躬道别，在场的所有人都感动不已。

这是一位敬业的女司机，她在公交车上度过了32个春秋，将自己最美好的年华都奉献给了公交事业。同事们总是亲切地称呼她"老婆儿"。谁都知道，公交司机是个辛苦的工作，每天起早贪黑，不能够多喝水，每天还要长时间驾驶，很容易导致腰肌劳损，可她却在这个岗位上连续工作了32年。这32年来，她一共开过三辆新车，每一次都将车开到退役。其间她从未被乘客投诉过，也从未发生过一次交通事故，每年公司的优秀员工名单中都有她的名字。

在她即将退休的最后一次行车的时候，一位老乘客特意在车站等着她，为她送上一束鲜花。尽管她每天回到家时都非常疲惫，可她从来没有过一句抱怨。她非常快乐，经常给家人讲述车途中发生的故事。为此，儿子还给她起了一个雅号——快乐的驾驶员。

有人问她为什么总是这么快乐。她动情地说："我总觉得，工作是上天赐给我的礼物,让我每天都能接触很多的乘客,帮助他们解决问题,也结交了很多朋友。"

太多人都在抱怨着工作的不如意,而这位女司机正是以知足的态度面对自己的工作,用一颗感恩的心去对待生命的每一天。就是这样,平淡的生活也变得光彩照人。

有人曾说:"人这一生,5%的日子是幸福,5%的日子是痛苦,剩下的就是90%的平淡。但聪明的人善于把90%的平淡过得更靠近这5%的幸福,不聪明的人是把90%的平淡过得更靠近那5%的痛苦。"

人的一生,功名利禄都是云烟,人生的幸福其实更多地取决于人的心态。做一个知足的人,以感激的心来面对生命里的每一场阳光雨露。如此,便不难发现,这现实的世界原来就是生命诗意的栖居之所。

心是幸福的容器，不是烦恼的源泉

海阔凭鱼跃，天高任鸟飞。这样的境界哪怕只是想想，也觉得妙不可言，这样的生活谁会不期待呢？然而生在广阔世间，我们却常常因为一些小事郁郁不乐，从而一叶障目，看不到整个世界的阔大。

人人都希望过上无忧无虑的生活，然而现实毕竟不是桃花源，我们每天都面对着种种琐碎的烦恼。

"真倒霉，又塞车了。""真倒霉，又没车位了。""真倒霉，饭里居然吃出了沙子。""真倒霉，刚洗了车又下雨了。"诸如此类的小小烦心事我们每天都在经历着，却依然常常为这些天天都在发生的小事大动肝火，破坏着自己的心情。

大千世界，芸芸众生，烦恼是不可回避的话题。每个人或多或少都会认为自己很倒霉，的确，每个人的人生都不能圆满，总会有些缺憾让人悲叹：儿女双全却父母双亡；知书达理却形象欠佳；事业有成爱情却在低谷……如果仅仅挑出不幸的那部分，世界的确是由一群倒霉蛋组成的。而且，别人的烦恼不一定比你少，你绝对不是最不幸的那个。

人人都有不顺遂的事，只是对于心宽的人来说，他们能以自己的大度化解生活中的大多数不愉快，从而获得乐观的人生。

心是包容世界的美丽容器，不要让它变成堆积怨气的垃圾箱。

王茹在与丈夫离婚后，就带着5岁的女儿来到了美国。为了维持生计，她开了一家蔬菜店。由于王茹生性热情好客，再加上她的蔬菜新鲜，价格合理，所以招揽了许多的顾客，几乎每天都是顾客盈门。

　　然而，王茹所获得的这一切却招来了其他小贩的忌妒。于是，他们就想方设法地要赶走王茹，一度将垃圾倒在王茹的店门口。面对这一切，王茹并没有去计较，她总会心平气和地将那些垃圾清理干净，让自己店门口始终干干净净的。

　　王茹蔬菜店的附近有一个墨西哥女人，她看到了别人对王茹所做的一切。最后终于忍不住，便问王茹："他们那样对你，你为什么一点也不气愤呢？你就不怕他们以后会一直这样欺负你？"这时候，王茹笑了笑说："我为什么要生气呢，你不知道，在我们中国，每年过年的时候，大家都会往家里面扫垃圾，那代表着财富。我倒觉得我应该感谢这些人啊，他们将财富送到了我家。"

　　很快，王茹的话就传到了那些小贩的耳中，他们为此感觉羞愧难当，从那以后，他们就再也没有将垃圾倒在王茹的店门口了。

　　王茹的大度和宽容实在让人惊叹。当别人将内心世界的肮脏泼向她的时候，她却以宽容之心将其化解。

　　中国有句话叫"冤冤相报何时了"，在我们的生活中，其实有很多的事情需要我们去忍耐、去宽容。哲学家说，宽容是一个人的修养和善良的结晶；心理学家则说，宽容是家庭生活的一剂调味品。常言道，金无足赤，人无完人，每个人都是有缺点的，所以，面对别人的过失或错误，最为聪明的做法就是宽容待之。倘若人与人之间少了宽容，恐怕我们的生活也将会永远充满仇恨，人们也很难感受到幸福的滋味了。

人心如同一泓泉水，心有多豁达，映照出的世界就有多美、多辽阔。我们往一杯水里加勺盐，水就变得咸涩；然而当我们往辽阔的湖水中加一勺盐，却无法改变湖水的味道。生活中免不了有咸涩的盐落入我们的心湖，而只要我们的心足够宽广，就没有什么会成为我们烦恼的根源。

一位老太太与老伴幸福地度过了人生的70个年头，两人从来没有吵过架，也没有闹过什么不愉快。在她的70周年金婚纪念日的当天，许多人都问她："你和你老伴为什么一辈子都那么幸福，有什么秘诀吗？"老太太说："从我结婚的那天起，我就准备列出丈夫的10条缺点。为了我们的婚姻能够幸福，我向自己承诺，每当他犯了这10条错误中的任何一条，我都会原谅他。"有人在人群中叫喊："那10条错误是什么呢？"

老太太听了，笑了笑说："老实告诉你们吧，我这70年来，我始终没有将这10条缺点具体地列出来。当我丈夫犯了错误，我就会马上提醒自己：'算他走运，他所犯的错误正是我可以原谅他的那10条错误中的一条！'"

在漫漫人生旅途中，人与人之间难免会出现矛盾和摩擦，如果我们都能像故事中的老太太那样，学会去宽容和忍让，你就会发现，幸福和快乐将会时刻围绕着你。

具有宽容的心，意味着你不会再患得患失。我们在学会宽容别人的同时，也要学会宽容自己。当自己有了过失，亦不必灰心丧气，一蹶不振，也不必为之痛苦，只要能从中汲取教训，便可以重新扬起工作和生活的风帆。只有宽容地对待自己，才可以让自己心平气和地投入到工作和生活之中。

心是容纳世界之美的容器，别因为不够宽容，而让一勺盐葬送了整个世界的甘甜。

不要为错失的阳光哭泣

请先回答一个问题：你现在幸福吗？

如果答案是否定的，那么原因是什么呢？

在物质追求不断提高，生活节奏不断加快，而人际交流却日渐缺失的现代社会，让我们觉得不幸福的原因太多了：也许是伴侣不够温柔体贴、不够理解自己；也许是工作不够理想，事业不够成功；也许是儿女太过叛逆，让自己总是操心……我们总是因此而哀叹自己的生活，羡慕别人的幸福。可是如此种种，谁又能完全幸免呢？不同只在于，乐观的人懂得凡事向好的方面去想，同样的境况便充满了幸福。

快乐是一种习惯，而幸福是一种能力。没有人生活在毫无苦楚的天堂里，即使再幸福的人，也每天面对着无数的挑战和困境，所不同的，只是那些幸福的人更懂得苦中求甜，懂得将快乐作为一种习惯来培养。

听说过这样一个故事。

在一个收藏家的家里最醒目的位置挂着一幅画，这幅画既不是出自名家手笔，也不是文物古董，与收藏家其他价值连城的宝贝相比可以说不值一文。然而收藏家却最喜欢这幅画，每天总会站在这幅画前思索很长时间。

收藏家的一个朋友来拜访，正看到收藏家对着这幅画出神，便也去端详这幅画。只见偌大的一张白纸上，除去中间的一团墨渍外什么都没有，而这墨渍也仿佛随随便便泼上去的，并无特别的美感可言。

朋友忍不住问收藏家："这幅画画的是什么？"

收藏家笑着说："这幅画的名字是'快乐'。"

"快乐？"朋友不解地说，"可是我除了那块黑墨什么都没看到啊？"

"正是如此，"收藏家意味深长地说道，"中间那块墨渍代表的是痛苦，而剩下的白色画纸代表快乐。我们每个人看这幅画时，总是盯着那一小块黑色的痛苦不放，却看不到背景里大量的白色快乐。所以我每天都要站在这幅画前反思我一天的生活，提醒自己那些被忽略了的快乐。而当我像这样把我的注意力都放在一天中发生过的好事中时，我就会发现，原来在不知不觉之中，我已经拥有了最幸福的人生。"

人生在世，不如意的事常常出现，然而在不如意发生之外的绝大部分时间里，我们是否认识到了这平凡中的快乐？我们总是拥有时不懂得珍惜，失去时才知道懊悔。我们不曾感激健康，却在生病后满心埋怨；我们不曾感激身边人，却在失去后痛苦不堪；我们不曾感激过晴朗的日子，却在糟糕的天气里愤怒诅咒。这样的心态，无论怎样优越的生活都不会觉得幸福。

第二次世界大战结束以后，作为战败国，德国首都柏林成了一片废墟，有人预言想要重建至少需要五十年以上。一位记者去柏林采访，惊奇地发现在断壁颓垣间，人们在阳台上摆放了盆盆鲜花，这位记者断言："这真是一个强大的民族，它的复兴指日可待！"鲜花所代表的是一颗颗热爱生活的心灵，那些鲜花的主人不会对着废墟哀叹，他们更愿意从这一秒开始装点自己的阳台，重建自己的家园。在生活面前，你没有时间浪费，想要把握未来，就要争分夺秒让自己开朗一些，积极一些，哪怕你能做的只是在阳台上摆放一盆鲜花。

想要幸福，就必须改变自己的心态，既要学会感激自己的健康，也须学会在生病时庆幸于这些身体小小的提醒让自己意识到健康的重要。是失去让我们懂得珍惜，让我们的拥有更有价值；是风雨让我们懂得享受阳光，也让我们感受到与身边人共撑一把伞的快乐。

苦中作乐，苦中求甜。人生不会永远一帆风顺，但乐观的人可以在肩负了生活的重担之后依然露出真挚而热烈的微笑。

高中教材上有一篇课文叫作《一碗阳春面》，这个故事令很多人记忆犹新。

大年夜，面店即将打烊，一位母亲带着两个儿子只点了一碗阳春面，三个人吃得很开心。第二年依旧如此。第三年，三个人依然在大年夜来面店，这一次点了两碗阳春面。在他们的谈话中，老板得知，这个家庭的爸爸去世前欠了一大笔债，母亲每天省吃俭用，两个儿子一个送报纸，一个承担全部家务，让母亲能够安心工作还债。在这艰难的几年，母子三人虽然辛苦，但仍然能够互相体谅，互相支持。过年的时候，三个人一起吃一碗阳春面当作庆祝，也不觉得苦。这种坚强感动了面店老板，也感动了千千万万听过这个故事的人。

《一碗阳春面》这个故事曾让我们动容，大年夜，母亲和两个儿子三个人同吃一碗面条，吃得津津有味，贫穷的生活不能磨灭他们互相扶持的快乐，也不能浇熄他们心头的希望。一年又一年，面条的数量变成两碗、三碗，他们的债务还完了，生活变好了，他们用笑脸向人们证明，苦难是可以战胜的，生活应该永远充满活力和阳光。

泰戈尔说，如果你为错失的阳光哭泣，那么你也会错过头顶灿烂的群星。我们总是对着不属于自己的东西叹息，使其成为自己美好生命中的阴云，让原本属于自己心灵的美丽阳光照射不进来。

生活常常给予我们痛苦，但只要我们足够坚强，总能在痛苦的重压下重新站起来，寻找自己的快乐。不必诅咒生活，也不必埋怨自己的不幸，人有悲欢离合，这就是人生。就以一个微笑与生活握手言和，感谢它给你带来的快乐与不快乐，因为你还活着，还拥有希望和勇气，还能够创造属于自己的未来。

快乐和幸福都不是与生俱来的，而是一种习惯，只有首先从内心培养乐观的习惯，才能在这个有烦恼、不完美的世界获得饱满的幸福感。

第三章

为生活点盏灯，照亮别人，也照亮自己

赠人玫瑰，手有余香。不论何时何地，只要有一颗善良的心，就能像磁铁一样吸引到美好的事物和幸福的生活。

生活犹如回声，付出什么，就得到什么

　　善良，是一个人所有美好品德的基础。因为心地善良，所以懂得体恤别人，可以推己及人；因为慈悲，所以诚实、无私，相信世界的美好。这样的人，心中充满爱，待人充满善，生活中便也充满幸福。

　　善，是对别人苦难的感同身受，是看到别人幸福时的不妒和祝福，是遇到需要帮助之人时不计回报地施以援手，是以爱的眼光和胸怀来感受世界，来面对和回馈他人。善良的人，心里总带着对别人的体恤和慈悲，当世事不如所愿时，因为能体谅别人的难处，所以可以对不如意豁达接受；当别人遭遇苦难时，总会给予帮助，并从帮助别人中获得内心的快乐；当别人获得幸福时，也能胸怀宽广地给予祝福，并分享对方的快乐。如此，善良的人便获得了远比其他人更多的内心的快乐和满足。

　　忙碌的我们似乎越来越不快乐了，忧郁和孤独不断充斥着生活。我们为什么会忧郁，为什么会孤独？著名心理学家荣格的观点是："我的病人中大约三分之一都不是真的有病，而是由于他们只爱自己，只在乎自己的所得与所失，对周围的一切表现出冷淡、怠惰、不在乎、无所谓的态度。"

　　那么，我们应该如何做呢？不妨来看一个故事。

　　在暴风雨后的一个早晨，沙滩的浅水洼里有许多被暴风雨卷上岸来的小

鱼。它们被困在浅水洼里，回不了大海了。用不了多久，浅水洼里的水就会被沙粒吸干、被太阳蒸干，这些小鱼都会被干死。

有一个小男孩走得很慢很慢，而且不停地在每一个水洼旁弯下腰去。他捡起水洼里的一条条小鱼，并且用力把它们扔入大海。太阳炙烤着沙滩，小男孩的汗水不停地流着，腰酸、胳膊痛，但他还是在不停地扔着小鱼。

有人忍不住走过去："孩子，这水洼里有这么多条小鱼，你救不过来的。"

"我知道。"小男孩头也不抬地回答。

"那你为什么还在扔？谁在乎呢？"

"这条小鱼在乎！"男孩一边回答，一边继续拾起一条小鱼扔进大海，"这条在乎，这条也在乎！还有这一条、这一条、这一条……"

在小男孩的心目中，每一条小鱼都是独立、完整的生命，都有获得同情、关爱和呵护的需要。尽管这么多小鱼他救不过来，可是对于被救的小鱼来说，新生不就意味着重新获得了整个世界吗？有什么理由不倾情相救呢？

善良的人可以带给别人快乐和幸福，又可以真诚地分享别人的快乐和幸福，于是，幸福就在这样的过程中加倍。没有人不喜欢和善良的人在一起，同样的事情，人们总是更愿意和善良的人结伴；同样的机遇，人们总是更愿意和善良的人分享。于是无形之中，善良便又带来了更多的回报。

善良的人做事不会吃亏。是的，就在这真诚的付出和分享之中，善良便得到了最高的嘉奖，那就是内心的满足与快乐。

在20世纪爆发的一场战争中，一名叫丽娜的普通家庭主妇从报纸上看到，参战的士兵因思念亲人备感孤单、失落，作战士气极为消沉，于是她决定以亲人的身份给他们写信，收信人是"每一位参战的士兵"，落款一律是"最爱你们的人"。信的内容风趣幽默、关怀备至。直至战争结束，丽娜一共寄走了600多封信，她认为自己所做的一切不值一提。

日子一天天过去，转眼间战争结束已经快10年了。一天清晨，丽娜梳洗完毕要去上班，打开房门的一刹那，她惊呆了：门口笔直地站着一排排穿戴整齐的绅士。他们每人手里拿着一束玫瑰花，见到她簇拥了上来，齐声喊道："我们爱你，丽娜女士！"丽娜此时像万人追捧的明星，被鲜花和掌声包围住。

原来，在战争结束10周年之际，参战士兵联合会进行了"战争中我最难忘的事"的评选活动。所有收到信件的士兵至今都难以忘怀，在那艰难的岁月，这些信给了他们无穷的信心和勇气，于是他们决定找到写信人。通过寄出信的邮局，他们知道了丽娜的详细地址，相约来答谢这位伟大的女士。

丽娜的眼睛湿润了，她从没想过，一封封信件居然会让这些经历了战火纷飞、生离死别的老兵们念念不忘，此时的她是幸福的。

在别人遇到困难的时候，伸出自己的一双援助之手，既不会给自己造成多大的损失，还有可能会给自己带来意想不到的好运气，这便是积德为善的福报。或许我们暂时看不到自己的回报，可是终究有一天，我们会听到那响亮的爱的回声。

善有善德，恶有恶报。有的人吝啬自己的帮助，不肯施以援手，在自己需要帮助的时候，才追悔莫及。这就是佛家所说的因果报应。要想得善果，就一定要有善因。慷慨与人，也是帮助自己。

生活就像山谷回声，你付出什么，就得到什么；种下什么样的种子，就会收获什么样的果实。做善事的人不会吃亏，因为在他们每一次伸出援手的时候，他们都给世界也给自己播种下了最甜美的种子。

鼓励，给别人带去阳光

人是社会动物，而生活在社会中，就不可避免地受到别人态度的影响。我们每个人都需要得到别人的认可，来自别人的支持鼓励会让我们更加勇敢、更有力量，而面对别人的讥讽和嘲笑则会让我们的内心遭受痛苦和伤害，甚至心生绝望。你不是他人，你不知道自己并无恶意的玩笑什么时候会成为压在别人心上的最后一根稻草，什么时候自己一句平淡的鼓励就为别人带来希望和阳光。

澳大利亚人尼克·胡哲天生患有"海豹肢症"，也就是说，他生下来就没有四肢。为了像正常人一样生活，他付出了比常人多几倍的努力，才终于像同龄孩子一样进入了学校。

然而在学校里，他不得不面对其他人异样的眼光，以及别的孩子的讽刺捉弄。

他说，有一次，在经历了无比糟糕的一天后，他绝望了，他想自己已经做出了那么多艰苦的努力，承受了那么多痛苦，为什么还是得不到别人的认可；自己从来没做过伤害别人的事，没必要过这种受人歧视、受人欺负的日子。他当时在心里想："我受够了，如果今天再有一个人这样对我，我就放弃所有的努力，我就自杀。"

这时，身后响起一个女生的声音："尼克！"

他心想："这一刻要来就来吧，尽情羞辱我吧，明天我就不存在了。"

他转过身，却意外看到了一张和善的笑脸。那女孩对他说："你今天看起来好极了。"

很多年后，已经成家的尼克·胡哲说起这个瞬间依然不能自已。这个女生用最简单不过的一句鼓励，在那个灰暗的日子里救了他一命。

尼克·胡哲不能选择健康，但你却可以在面对他人时选择你的态度，是做那些羞辱伤害、将别人推向深渊的人，还是做那个用鼓励和喝彩挽救他人的人。

没有不需要球迷掌声的球队，没有不需要观众喝彩的演员。对一场处在逆境中的比赛，球迷不变的支持对球队就是最大的鼓励；对于为了台上的精彩默默练了几年、几十年功的演员，落幕时观众的认可就是对他们付出最大的回报。而对普通人来说，我们的日常生活工作就是我们的赛场、我们的舞台，我们也需要同样的鼓励、支持、赞赏。

不要吝惜自己的鼓励。在别人成功时，真心实意地为对方鼓掌，称赞一声"你很棒"；在别人消沉时，送上一句真诚的鼓励"没关系，相信你下次会更好"。在这样的掌声和鼓励中，人与人之间没有了苛责，没有了伤害，只剩下最真挚的相互欣赏、相互祝福。

也许你的一次鼓励并不会像故事中的女孩那样救下一条生命，可是，就在你的一次次掌声和鼓励声中，我们每个人所处的世界也逐渐成为更加宽容、更加善良的乐园。而每多一个这样的人，这个世界也就更美好一分。当所有的人都愿意带着鼓励的心真挚地为他人喝彩时，这个世界便充满了希望。

播撒善良的种子

一个人所记忆中最明亮的光芒，往往不是晴朗日子夺目的阳光，而是在迷途的雨夜里那一点如豆的烛光。因此，行善本不需要如太阳一般半高调和耀眼，不如以月亮般温柔的方式，在最黑暗的夜里为人带去温柔的希望。

善意，是一种盲人可见、聋者可听的美好德行。这个世界上，有许多人需要你，你的一句话，可能会让他们的心情明媚起来；你的一个善举，可能改变他们的处境。或许，这种改变是潜移默化的，但是，请不要因此而放弃善意。甘地就曾经说过："你的善行多半是不显著的，但是，重要的是你做了。"

有一位年轻的教师，在地震时不顾自身安危指挥学生逃生。房屋垮塌的一瞬间他用尽最后的力气将还没逃出去的女学生推了出去，自己却被永远留在了教室里。虽然他已不在人世了，但是他的善良却永远地留了下来，成为了孩子们一辈子的幸福。

一位住在大山里的赤脚女医生，她只有一间四壁透风的竹楼，但那里却成了天下最温暖的医院；一副瘦弱的肩膀，担负起十里八乡的健康。她没有任何编制，不享受国家工资和待遇，但她却坚持肩负起附近2500多人的健康。她在接受采访时脸上洋溢的那种幸福的表情诠释了奉献可以给一个人的内心注入的力量。

这位教师和女医生都是平凡的人，他们如月亮般温柔的善举使得他们不再平凡，也使得他们的人生有了不同平常的黑夜中的银色光辉。

有一位国王仁慈爱民，凡是有人相求，他都尊崇民意，因此深得民众爱戴。

这一年，邻国大举侵犯，国王暗自思忖："两国交兵，由来已久，我若像父祖一样率兵出战，军民定会死上很多，且冤冤相报何时了。邻国入侵的目的，无非是觊觎我国国土及王位，我何不让位于他，让干戈永远平息，而保住我国老百姓的性命呢？"

国王思虑完毕，修书昭告邻国国君："寡人可以让位，但不得骚扰我军民，对我军民应一视同仁。"

邻国国王读信后感到非常高兴，心想不费吹灰之力就打赢了这场仗，随后率军长驱直入。让位的这位国王先在城中听到消息，又听说对方自东门入，他便更换衣衫，打扮成平民，自西门出，遁迹于山林之中。

一天，有一个人经过此处，在山林中小憩，碰巧遇到了国王，于是两个人交谈起来。国王问此人："你从什么地方而来，又往什么地方去呢？"那人说："我自北方邻国来，听说这里的国王慷慨好施，而我贫穷不堪，所以特来乞些财物回去，以度余年。"

国王听了，感慨道："我就是你想找的国王，但你来迟了，我也已十分贫困，不能满足你的愿望了，很对不起你！"这人听罢，不胜懊丧，跺脚哭了，自怨命苦，不该跋涉千里而来。

国王见他这般状况，动了恻隐之心，把心一横，对他说道："你不用难过了。你既然千里迢迢求我而来，我虽然穷得一无所有，但我还是可以满足你的要求。"那人说："你已一无所有，你怎么能满足我的愿望呢？"国王说："我毕竟还是个退位的国王呀，新王必然在悬赏捉拿我。你可将我捆绑了，拿去献给新王，他一定会给你重赏的。"

这人出于贪婪，果然将国王捆绑起来，牵着他来到官门。新王见此，不胜欢喜，询问这人是如何捕到国王的。这人便将实情告知："我不是捕到的，是他心甘情愿地要这么做的。"

新王听后感到十分惊讶，也甚为感动！他不损一兵一卒得此大片土地，虽然尽力安抚此国百姓，但臣民们仍想念旧王，关怀他的安全，每日流泪焚香祝祷，有的则避到山林组织反抗。

新王对旧王愿意让出王位与国土，本来已经深感惊异，今又听这人所说，越发敬佩旧王的盛德，感到国与国之间的确不可冤冤相报。于是，他离开国王的宝座，亲自下殿给旧王解绑。他郑重地说道："本王在你的面前，是个不光彩的低矮之人。你的行为教诲了我，现在我把王座仍旧让位于你。愿我们从今永息干戈，结束父祖仇恨，世世和好吧！"

国与国之间如此，人与人之间亦是如此。当我们做善人行善事，那么我们就会带给他人美好的感受，对方也便自然地回馈给我们同样的善意。即使没有得到相应的回馈，我们也会因为自己的付出而体会到内心的满足感。

人人皆平等，并不因为你伸手帮助别人就高人一等，月亮不会因为为你照亮回家的路就轻视你。同样，当你付出善心的同时，也要送出你的尊重，只有这样的善行，才是真正的心灵至善。

赠人玫瑰，手有余香

子曰："君子成人之美，不成人之恶。小人反是。"君子成人之美，是因为君子有着与人为善的宽阔胸怀，能把别人的成功当成自己的成功，把别人的快乐当成自己的快乐。不成人之恶，则是因为君子爱人以德，不愿意看到别人遭受灾难，更不愿看到别人落水翻船的不幸。但小人却不然，他们总是喜欢成人之恶，不愿成人之美。

所以，成人之美是一种气度、一种胸怀，更是一种君子风范。

庄子曾讲过一个这样的故事，有个匠人对于斧子的运用极其精妙，舞起斧头来就像是一阵旋风。

匠人每次在表演绝技的时候，他的一位搭档就会在鼻子上涂上薄薄的一层石灰粉。当匠人一斧头劈下去时，搭档鼻子上的石灰粉就会被削去，但他的鼻子却完好无损。

庄子说这则寓言固然显示了匠人的技艺高超，运斧成风，但是另一方面也不能忽视搭档的精妙配合以及奉献精神。试想如果没有搭档的协作，匠人何以练就这样一手绝活。

匠人也十分感激搭档。但在搭档去世后，匠人就再也找不到敢于与他配合的人了，毕竟这风险性太大。

宋代王安石有诗云："便恐世间无妙质，笔端从此罢挥斤。"匠人没有搭档的成全，人们便再也难以看到他的精彩表演了。

成人之美有时需要牺牲自己去成全别人的荣耀，心中没有爱和善的人，是无法做到的。

搭档的成人之美是基于他对匠人的认同、理解与欣赏，二者形成了心灵的相通，从而实现了生命的相互成全。当一个人以赞赏之心而成人之美时，他必然会获得一种人格魅力而令人倾倒，被成全的人更应有一颗感恩的心。

成人之美，往往舍自己之所得，助人于无声之中，它的确是一种高尚的品德。它需要有宽广的心胸、助人为乐的精神。对于患得患失、一切都要算计自己能得到多少好处的人来说，是很难做到成人之美的。自私的人永远体会不到成人之美的快乐，唯有有着君子胸怀的人才能用自己心中的爱与善去成就他人的圆满。

看过《大长今》的人除了记得长今的种种美德，也往往忘不了皇帝中宗成人之美的感人例子。

中宗事务繁重，常常忧心忡忡，善良的长今看到他这样，常常劝他敞开心扉，把内心的苦闷找朋友倾诉出来。中宗感动于长今的温柔善良和善解人意，又偶然得知长今就是多年前送酒给他让他念念不忘的小姑娘，更是对她产生了深深的爱意。以中宗贵为皇帝的身份，他完全可以命长今嫁给自己，但是当他得知长今和闵政浩相互之间心有爱慕时，心中感受到了深深的酸楚和痛苦。

然而中宗不愿勉强长今做任何事情，当他身患重病、身体每况愈下的时候，他秘密下令让内侍府的人将长今送到闵政浩被流放的地方，希望二人可以从此远走他乡，不再被朝廷中潜藏的各种危险所伤害。

作为一个男人，要拱手将自己心爱的女人让给他人谈何容易；作为一位高高在上的皇帝，不仗着自己的权势满足自己的私欲又是何等境界。而中宗正是因为有着宽容大度、成人之美的君子气度，才有了长今和闵政浩的终成眷属；而也是这份成人之美之心，成就了中宗自己的大境界。

成人之美，不是"却替他人做嫁衣"的无奈和不甘，而是"赠人玫瑰，手有余香"的欣慰和释然。它意味着舍自己之所得，去圆他人之心愿，与此同时，自己也因这无数的相助而涤荡了心灵，体会到一种更为难得、更为高贵的快乐。一个只懂得关注自己得失的自私之人是永远也体会不到这种内心的满足的，唯有有着君子的风度、君子的胸怀的人，才懂得成人之美这一举动中蕴藏着无尽的美好与快慰。

用温热的心温暖别人

在鲁迅先生的小说《故乡》中,鲁迅回到故乡,再也找不到从前热闹的社戏,与自己友爱的小伙伴闰土,还有昔日本分寡言的豆腐西施,所有人都因生活的折磨变得冷漠,对昔日的温情产生隔阂,让他再也感觉不到故乡的温馨。

冷漠一旦成为一种习惯,就会蔓延。对人冷漠的人,对生命也会冷漠,植物和小动物激不起他们的爱心,只让他们觉得吵闹和麻烦。他们自然也不会去享受湖光山色,因为那不能给他们带来什么好处。

缺少了善意,就对世界多了几份冷漠。冷漠首先是对人的无视和敌意。不论旁人对自己是好心还是恶意,都不去理会,也不去理解,只要完成自己的事,就不管其他人怎样。即使与人交流相处,也是维持恰当的友好,实质不过是互相利用与利益交换。冷漠的人最在乎利益,不能忍受旁人一丝一毫的侵犯,在这个前提下,他们越来越不讲情面,而且他们不觉得这是一个问题。即使别人对他们有好意,他们也会认为那些人有目的、有企图,冷漠完全扭曲了人与人相处的本质。

一群登山的人在半山腰,有个新手突然发现自己附近再也没有草根之类的东西可供攀缘,心中大急,见附近刚好有一个同伴,这才放下心。可是,那个同伴根本没有帮他的意思，看了他几眼，自顾自地爬了上去，留下新手在原地干着急，孤立无援。最后，还是先登上山顶的人发现他的窘境，垂下绳索让他爬了上去。

到了顶峰后，新手听到领队训斥那个不肯施援手的队友："你为什么不伸手帮帮他呢？"

"他并没有求我，我为什么要帮他呢？"队友不解地问。

领队是个很讲究团队精神的人，他认为登山队的成员必须有互相帮助的意识，不然在困境之下很难同进同退。后来，领队将那个不肯援助队友的人开除出了团队。

领队是不是小题大做？不是。在一个团队里，特别是在一个需要共同克服困难的团队里，队员之间的相互善意是友爱的基础。在困难中，如果每个人都只想着自己，对别人没有丝毫的善意，注意不到他人的困难，那么这个团队就是一盘散沙，平时可以一起走，关键时刻没有一丁点凝聚力。冷漠是会传染的，一个人自私、缺乏善意，其他人也会为自己考虑，即使再优秀的团队也会因为队员间感情的淡漠最终变为散沙，所以，领队当机立断地开除了不主动帮助队友的队员，挽救了这个团队。

总有人感叹人情冷漠，其实该问问自己："我是不是对人有足够的善意？"当你看到一个陌生人需要帮助，你是会热情地问他需要什么，还是会本着"多一事不如少一事"的精神，置之不理？如果你都做不到善意待人，就没法去要求别人对自己不冷漠。有慧心的人不会冷漠，他们的智慧能够理解他人的苦闷与无助，也知道只有帮助他人，在需要的时候才会有人来帮自己。

克莱一直住在某个小镇上,他是一个贫穷的纺织工人。这天就要下班了,老板突然告诉他:"我很抱歉这样说,厂子要裁员了。我想,等你织完了手头的这一匹布,明天就没有多少活要干了。"

下班后,克莱难过地走在街上,漫无目的地转悠着,他不知道自己明天应该干什么。他看到街上有几个孩子正在用棍子拨弄一只死麻雀。可怜的鸟儿是怎么死的呢?等孩子们散了以后,克莱走了过去,突然,他发现死鸟的喉咙里好像有什么东西鼓鼓的。他用随身携带的小刀在死鸟的喉咙里一搅。天呐!居然拖出了一个漂亮的金戒指!

这个戒指足够家里半年的开销了,但是克莱想到了丢戒指的人,心想对方一定在很着急地找这枚戒指。于是,他把金戒指攥在手里,一路小跑到镇上的珠宝店,问老板:"您知道这个金戒指是谁的吗?"

珠宝店老板拿起金戒指端详了一番,非常肯定地说道:"我当然知道,这是曼妮太太的。这枚金戒指是她上周从我店里买走的,当时她还特意要求我在戒指后面刻了一个 M 的字母,你瞧!"

"曼妮太太不就是老板的妻子吗?"克莱马上跑到老板家,当面把金戒指归还给了曼妮太太。为了表示谢意,老板让克莱重新回来工作,还让他担任纺织厂的总管。克莱再也不用为生计发愁了。

一分耕耘一分收获,设身处地地为他人着想,为他人提供帮助,那么,他人也会在关键时刻为你着想。

善意是世界的阳光星空,是和风细雨,是百花盛放。而冷漠的人生就像一片荒漠,尽管沙子还是热的,却寸草不生、了无生趣。想要融化这种冷漠,需要用善意焐热自己的内心,再用这颗温热的心去温暖别人。只有自己先踏出一步，当别人有需求的时候，无论他是否开口，只要有能力，就去帮帮忙，你只是多说一句话，多做一件小事，在别人那里，看到的却是你热情真诚的内心。要知道，当你用善意的微笑对待他人时，你的美好形象已经在他人心中生根。

第四章

激情和理想是『火』，燃烧荒芜的沙漠

激情,是鼓满船帆的风。理想是座灯塔,指引我们乘风破浪。我们要满怀激情和理想地去拼搏奋斗,尽情地搏击风浪,尽情地绽放自我,从而照亮幸福的方向。

插上梦想的翅膀

　　理想的敌人，不是它的遥不可及，不是通向它道路的崎岖坎坷，而是人们因为它的遥远、因为通向它的道路的曲折，便始终不肯迈出追求理想的第一步，始终在等待，始终不肯付诸行动。

　　"逝者如斯夫，不舍昼夜。"意思是，过去的一切像奔腾的河水一样不分白天黑夜地流逝着，时光就这样匆匆而过，不会因为谁而停留。但是，现在很多人仍在等待中虚度自己的青春，却不知道，就在自己的等待和观望中，理想早已距离我们越来越远。

　　就像世界上所有的生命都有期限一样，所有的梦想也都有保质期。7岁时我们曾梦想能读完的那本注音童话书，如今我们可以轻易看完，但再也没有7岁那年的意义了。

　　有梦想就要立即去追寻，即使没有充分的准备，即使没有学到足够的知识，即使尚未拥有瞄准目标的技巧和能力。你永远不会知道就在你回头做充分准备的时候，机遇是否就此与你擦肩而过。

　　事实上，梦想不在于有多遥远，而在于我们是否为了它的实现而采取了行动。当我们拥有梦想并且可以为之努力的时候，就要拿出勇气和行动来，穿过岁月的迷雾，进而让生命展现出别样的色彩。

　　梦想经不起等待，尤其不能以实现另外一个条件为前提。成就一番事业的人，往往都是实干家，脚踏实地地去追求梦想，而不是终日靠着梦想安眠或者大谈特谈自己有多少梦想的空谈家。

安东尼·吉娜是美国纽约百老汇中最年轻、最负盛名的年轻演员，她曾在美国著名的脱口秀节目《快乐说》中讲述了自己的成功之路。

那时候，吉娜就读于大学艺术团，是一名歌剧演员。在一次校际演讲比赛中，她说道："我有一个梦想，那就是大学毕业后做一名歌剧演员，而且我要做纽约百老汇中一名优秀的主角。"

当天下午，吉娜的心理学老师找到她问了一句："我想知道，你今天所说的想去纽约百老汇成为一名优秀的主角，是真的吗？"吉娜点了点头，心理学老师尖锐地问，"但是，你今天去百老汇跟毕业后去有什么差别？"

吉娜想了想，的确大学生活并不能帮自己争取到百老汇的工作机会，她说："我决定一年以后就去百老汇闯荡。"岂料，老师又冷不丁地问她："你现在去跟一年以后去有什么不同吗？"

吉娜苦思冥想了一会儿，对老师说自己下个学期就出发。但是，老师又紧追不舍地问道："你下学期去跟今天去，又有什么不一样？"

吉娜有些晕眩了，说下个月就前往百老汇。她以为老师这次应该同意了，但是老师又不依不饶地追问："你觉得，你一个月以后去百老汇，跟今天去有什么不同？"

吉娜激动不已，她情不自禁地说："好，给我一个星期的时间准备一下，我就出发。"

老师步步紧逼："所有的生活用品在百老汇都能买到，你一个星期以后去和今天去有什么差别？"终于，吉娜不说话了。

老师又说:"百老汇的制片人正在酝酿一部经典剧目,几百名各国艺术家前往去应征主角。我已经帮你订好明天的机票了。"

第二天,吉娜就飞赴到全世界最巅峰的艺术殿堂美国百老汇,去进行一场百里挑一的艰苦角逐。为了增加自己的优势,吉娜连夜准备了一个表演片段,一路上都在思考如何表现才是最好的方式。

正式面试那天,吉娜是第48个出场。她的表演是如此惟妙惟肖,制片人惊呆了!当吉娜排演完剧目之后,制片人马上通知工作人员结束面试,主角非吉娜莫属。就这样,吉娜顺利地进入了百老汇,穿上了人生中的第一双红舞鞋。

在老师的开导下,一心想成为歌剧主角演员的安东尼·吉娜立即去百老汇应征主角,这正是她成功的机缘。试想,假如安东尼·吉娜等自己毕业之后再去纽约百老汇的话,其间会发生多少事情呢?也许她会因为自己的能力继续延迟实现梦想的脚步,或许她还会因各种事情淡漠了理想的热情,那么她的成功就要改写了。

这正如一个名人所说的一句话:"梦想是人生的翅膀,插上了,才能够远翔。在人生不同的阶段,会有不同的历练和想法。如果等到所有的条件都成熟才去行动,那么我们也许就要永远等下去了。"

任何东西都无法替代脚踏实地的积极行动。有了梦想,就要相信自己,并立刻去实践。有了积极的行动,我们就有勇气克服所面临的各种困难和险阻;有了积极的行动,我们才有机会看到自己的努力和付出,自然会引发好的结果。

"莫等闲,白了少年头,空悲切。"多少梦想,就在这等待中再不能实现!

而多少看似遥不可及的目标，就在脚踏实地、勇敢地一步一步前进之中得以实现！

人生就是攀登一座高山，有人望着巍峨的高山摇头兴叹，等待自己做好准备的那一天；有人却早已开始一步步向前——到达山顶的一定只有这一部分人，因为无论相对于山的巍峨来说这一步多小，但每走一步，终究是离山顶更近一步。

激情是照亮幸福的明灯

有句话说："兴趣是最好的老师。"同样的事情交给同样能力的人去做，有兴趣的人往往能做得更为出色。原因不是别的，就是因为兴趣为人提供了一种不竭的激情。正是这样的激情，使得同样的事情有了不同的结果。

没有激情的人生只能是一潭死水，对工作没有激情，便只是被动地完成手头的工作；对生活没有激情，便只是机械地从一天到另一天耗费生命；对未来没有激情，便只是徒增岁月而不增收获。

人生，就是因为拥有激情，才有了所有的美好。只有处处激情的人生，才是处处满意的人生。

甲和乙是同学，他们同时毕业，同时参加工作。在同学眼里，无论是在技能上还是在智商上，甲都比乙强得多，他们认为将来甲肯定要比乙混得好。

而且乙看起来又傻又笨的，肯定没什么发展。在甲眼里，乙就是一个傻乎乎的小兄弟。

两年过去了，甲还是一事无成，而乙进步飞快，还被单位评为"技术能手"。为什么仅仅两年时间变化如此之大呢？

刚踏出校门的时候，甲认为自己很聪明，觉得自己做这样的工作是大材小用，对于工作毫无激情，也没兴趣，遇到困难，总是找各种借口躲开。久而久之，他变得懒惰，在领导师傅眼里，也留下了烂泥扶不上墙的坏印象。结果对他彻底失去了信心，最后放弃他，不管他了。而他也慢慢地自我放弃了，到最后连温饱都成了问题。

乙从一参加工作，就带着一股充满激情的"傻劲"，遇到问题，本来与自己无关的事，其他人躲都来不及呢，他却偏去琢磨。时间一久，在单位里，从领导到师傅都喜欢上了乙的这股激情的"傻劲"，认为这小伙子是个可塑之才，就有意培养。乙也就进步飞快，新点子、新方法层出不穷，时不时就给人来个新的惊喜，为单位创造了不少的收益，结果被单位评为"技术能手"。

正是由于乙从始至终都带着一种对工作的激情，才让乙从一个不被看好的、被认为没有任何发展前途的人摇身一变，成为一个被单位同事敬重的"技术能手"。而甲从一开始就对工作没有激情，仅凭借着自己的一点小聪明逃避困难和责任，不求上进，久而久之，从一个意气风发的高才生沦落为一事无成的人。甲和乙的差距就在于有没有激情。

有了激情就有了想要把事情做成功、做好的欲望。没有能力、经验和资金都不可怕，我们可以通过学习、奋斗、寻找和积累来弥补，可怕的是没有激情。如果没有了激情，我们就不想做任何事情；如果没有了激情，在遇到困难和挫折的时候，我们就没有克服困难的力量；如果没有了激情，我们做任何事情都觉得无趣，因为我们失去了鞭策和激励我们向前奋进的动力。激情的缺失是我们通过学习、奋斗、寻找和积累弥补不了的。

拥有了激情也就拥有了奇迹，同时也就拥有了处处圆满的人生。

以激情来面对工作的人，才能收获工作的成功；以激情来面对生活的人，才能拥有生活的精彩；以激情来面对他人的人，才能赢得他人的热情……我们很多时候就像是和生活打一场壁球，运气、机遇等不过是将我们打出的球弹回来的墙壁，只有我们一开始就带着激情发球，才可能得到满意的回馈。

激情是获得成功的动力和力量，有了激情，通往成功道路的一切障碍都会迎刃而解。激情是照亮幸福的一盏明灯，让我们满怀激情地去创造属于我们的奇迹，处处有激情，才能处处有满意。

将荒漠浇灌成一片绿洲

爱默生说：·"一个人，当他全身心地投入到自己的工作之中，并取得成绩时，他将是快乐而放松的。但是，如果情况相反的话，他的生活则平凡无奇，且可能不得安宁。"而能让一个人忘我工作的力量，并不是来自外界的催促和逼迫，而是来自内心的激情。

一个充满激情的人，无论做什么事情，他都会认为自己所做的是世界上最神圣、最崇高的；无论事情多么困难，他都会始终一丝不苟、不急不躁地去完成。

被称为"成功学之父"的卡耐基把热情称为"内心的神"。他说："一个人成功的因素很多，而热情是这些因素中最重要的。没有热情，就像深陷沼泽一样，无论你有多大的本领、多强的能力，都发挥不出来。"

日本松下公司的创始人松下幸之助在当学徒的时候，一直想独立卖出一辆自行车。在当时，自行车是高价商品，即使有人买，也轮不到他一个小学徒销售。

一天，有一个人打电话过来说："把自行车给我们看看吧，现在我们老板在，趁我们老板有时间现在赶快送来。"恰好，其他的伙计都不在，店主对松下说："对方很着急，无论如何，你先把自行车送过去。"松下听了，心想:"这下,机会来了。"于是,他信心百倍把自行车送到客户那里去。松下虽然不是销售老手,却很认真地游说。

那时松下13岁,人家只把他当作可爱的小孩。老板看他拼命解说的样子,摸摸他的头说:"不错,你是个好孩子。好吧,我决定买下来,不过要给我打9折。"

松下没拒绝就回答说:"我回去问老板!"说完就跑回来告诉自己的老板:"客户愿意买,不过他要求打9折。"店主却说:"打9折不行啊?算9.5折好了。"

松下一心想独立成交,不愿意再跑一次。他对店主说:"请不要说9.5折,就以9折卖给他吧。"说着哭起来了。店主感到很意外:"你到底站在哪方的立场啊?"

客户的伙计到店里:"怎么让我们等了这么久呢?还是不肯减价吗?"

店主说:"这个孩子回来叫我打9折卖给你们,说着就哭了起来。我现在正在问,他到底是谁家的店员呢。"

伙计听了,被松下的热心所感动,立刻回去告诉他的老板。那位老板说:"他是一个很可爱的学徒。看在他的面子上,以9.5折的价格买下来。"这是松下第一次成功销售自行车。

而且那位老板还承诺,只要松下在那家店,他们的自行车都在那家店买。

正是因为松下幸之助对工作的那份激情,他才有了后来的成功。试想如果他对工作没有那股激情,会有什么样的结果呢,那么他还能成功地把自行车销售出去吗?如果他没有那份激情,那个老板还会承诺只要他在那家店一天,他们所需要的自行车都在那家店买吗?

生活中常常有这样的人，因为工作或生活某方面的不得意，便丧失了激情，浑浑噩噩地混日子下去，如此得过且过，自然不能抓住机遇改变自己的命运。只有那些懂得承担的人，知道现在的生活无论好坏都不能丧失自己内心的激情的人，才能超脱于一时的困境，开创出崭新的局面。

激情是促使一个人做事的无穷动力，是一种让人积极向上的精神力量。时刻激发出我们的激情，并使之转化为巨大的能量。这种能量会在我们做任何事情过程中不断地推动着我们前进。

做事情只有有激情才会有积极性，没有了激情只会使我们在生活中产生惰性，使我们做任何事情都提不起劲，都没有热情。所以在日常生活中，时刻激发出对工作、对生活的热情，就算我们所做的事情有很多困难，在我们面前也是一件非常容易的事。

时刻激发出对生活的激情，生活中任何的事物都会变得美好，相反，要是没有了这份激情，生活中的任何美好事物都成了荒芜的荒漠。

我们都有过这样的经历：一旦我们全身心投入到一件事情中，尽管这件事情确实很辛苦，我们也觉得很快乐。即使废寝忘食，也感觉不到劳累，反而对工作充满了干劲，就好像有股无形的力量在推动着自己。

激情可以转化为动力，并转化为成功的前奏。得过且过浑浑噩噩的态度是浇灌不出成功的果实的，只有倾注我们所有的激情去做事情，才能使我们即使身处荒漠，也能让荒漠成为一片绿洲。

让激情的火种尽情燃烧

激情是个好东西，它是你追求财富梦想的内在动力。不要以为激情只有特定的人在特定的事上才能具备，事实上，每个人都有一座潜力巨大的激情宝藏，是释放它还是压抑它，是燃烧它还是熄灭它，全在于你自己。从这个意义上来讲，我们每个人都富有激情，激情是我们自身潜在的无穷无尽的财富，而且这种"虚幻的财富"还能转化成你手中真实的财富。

正如乔瓦尼·阿涅利所说："世界上没有一样东西可以取代坚持到底的激情。资本不行，有钱而一事无成者比比皆是；天才不行，怨天尤人的天才很多；学问也不行，世上充满了学无所用的人。只有坚持到底的激情、毅力与决心才能无往而不胜。"

著名人寿保险推销员弗兰克·贝特格在他的自传中，用自己的亲身经历证明了激情对于工作和事业的意义。

贝特格在书中写道："在我成为一名保险推销员之前，我是一名职业棒球手。在我刚转入职业棒球界不久，我就遭到了有生以来最大的打击——我被球队开除了。球队老板开除我的理由很简单——我打球无精打采。老板对我说，'弗兰克，很抱歉你得离开这儿了，但是请你记住，无论你今后去哪儿，做什么工作，都要振作起来，决不能死气沉沉的，因为做事情最不能缺乏的就是激情。'"

"幸运的是,我记住了他这段话,这是一个重要的忠告,虽然因为这段话我失去了自己的工作,但还不算太迟。于是,当纽黑文队签下我时,我下定决心一定要成为这支球队甚至整个联盟最有激情的球员。"

"从此以后,我在球场上总是尽我最大的努力来打球。我在场上是如此有激情,如此有活力,掷球是如此之快、如此有力,以至于把内场接球同伴的棒球手套都给震掉了。在炎炎烈日下,为了球队的每一个得分,我不惜体力,在球场上全力冲刺,完全忽略了自己会中暑的可能性。"

"第二天早晨,纽黑文当地的报纸上是这样写的:'这个新手充满激情的打法感染了整支球队,引爆了全场的观众。纽黑文队不但赢得了比赛,而且观众的情绪看来比任何时候都好。'那家报纸还给我起了个绰号叫'锐气',称我是队里的'灵魂'。而事实上,三个星期以前我还被人骂作'懒惰的家伙'。于是我的月薪从25美元涨到185美元。让我的月薪暴涨的原因并不是我有出众的球技,而是我打球时的激情。"

"在退出职业棒球队之后,我便开始去做人寿保险推销的工作。最初的十个月对我来说是十分令人沮丧的,直到一天我被卡耐基先生一语惊醒。他说:'弗兰克,你在推销时的言语简直毫无生气,换作是我,我也不会买你的保险的。'我忽然发现我丢掉了我在之前当棒球运动员时最宝贵的财富,我决定以我加入纽黑文队打球的激情来好好推销我的保险。"

"有一天,我来到了一家珠宝店,与店主见了面。为了说服他买保险,我用尽了所有的勇气和热情,最后真的是筋疲力尽。他大概从未遇到过如此热情的推销员,只见他挺直了身子,睁大眼睛,认认真真地听着我把话说完,而不是像我以前的客户那样根本不给我说下去的机会就找个借口把我赶走。

最终他没有拒绝我的提议，买了一份人寿保险。从那天开始，我才算是真正地成为了一个推销员。在我12年的推销生涯中，我目睹了许多的有激情的推销员的收入成倍地增加，同样也目睹了更多人由于缺少热情而终究一事无成。"

弗兰克·贝特格用切身经历告诉我们，其实任何一个死气沉沉的人，心中都存在着激情的火种，一旦这颗火种被点燃，你就可以爆发出强大的能量。事实上，激情是推动你在财富之路上走下去的强大动力，这种动力深藏于我们的内心。它如此强大，以至于如果我们将它完全释放出来，将产生出连我们自己都吃惊的奇迹。

著名作家柯林·威尔森曾用富有激情的笔调写道："在我们的潜意识中，在靠近日常生活意识的表层的地方，有一种'过剩能量储藏箱'，存放着准备使用的能量，就好像存放在银行里个人账户中的钱一样，在我们需要使用的时候，就可以派上用场。"如果在你的内心里，渴望自己成为一个成功者，那就不要藏着掖着了，让你心中的那颗激情的火种尽情地燃烧吧！

激情释放能量

用100%的激情去做1%的事,这不仅是我们对待工作和事业的一种态度,更是我们运用激情、驾驭激情的一种方式。当你启动全部的激情去工作、去追求,那么你所有的热情、想象力和创造力都会追赶着你,催促着你,激励着你。你对于自己的工作和事业的爱就会如朝阳一样喷薄而出,冉冉升起在生命的天空中。从那一刻起,你会发现自己变得蔑视失败,对于成功有一种近乎偏执的渴望,并且用尽自己的全力去拥抱胜利。

激情,就是这样一种神奇的力量。我们不应该对这种力量视而不见,更不应该让这种力量从生活中销声匿迹,因为那是推着你走向成功的动力之源。一个人能力固然有大有小,但只要有了这种执着的情感,他所从事的事业就一定会兴旺发达,他的理想也就有了实现的可能。

有一次,奥地利作家斯蒂芬·茨威格前往巴黎,并有幸拜访了著名的雕塑家罗丹。当他来到罗丹的工作室时,他看见那是一间有着大窗户的简朴的屋子。

在罗丹的引领下,茨威格观看了罗丹的一些作品,这其中有完成的雕像,有做了一半的雕像,还有一些人体局部的雕像,例如一只胳膊、一只手、一只手指或者指节。

走着走着,两个人来到了一个台架前。罗丹说:"这是我的近作。"接着罗丹把盖在雕像上的湿布揭开，现出一座女人正身像。"不过，我对它还不太满意，因为这肩上线条有点粗……"说着，罗丹拿起放在一边的刮刀，轻轻地对着雕像的肩膀忙碌。

这个时候，罗丹似乎忘记了身边的茨威格，低声说："还有那里……还有那里……"他修改了一下又一下。罗丹一边熟练地用刮刀修改着，一边含糊地吐着奇异的喉音。刮着刮着，他似乎进入了一种忘我的状态，时而神采飞扬，时而眉头紧锁。

就这样，一个小时过去了，两个小时过去了，罗丹却依旧没有停止。茨威格就是那样站在原地注视着他。最后，罗丹充满欣慰地笑了，他放下了刮刀，温存地把湿布蒙上了女人正身像。当他转身走到门口的时候，突然看见了茨威格。罗丹满脸通红，大声说："太对不起了，先生，我完全把你忘记了，可是你知道……"

后来，茨威格记录这件事时，写下了这样一段话："我握着他的手，感谢地紧握着。我为罗丹的失礼而感激万分，亲见一个人全然忘记时间、地方与世界地工作，再没有什么比这更让我感动了。我突然醒悟到一切事业成功的奥妙就是像罗丹这样倾注自己所有的激情去做每一件事。一个人一定要能够把他自己完全沉浸在他的工作里，无论是或大或小的事情，都应该集中全力，把易于驱散的意志贯注在其中。没有——我现在才知道——别的秘诀。"

正是这次拜访，让年轻的茨威格发生了根本性的改变，他认识到自己所缺少的正是罗丹对待工作的那种热爱、激情、专注和执着。这次拜访深切地影响到了茨威格对于成功的看法，这让他豁然开朗，并就此走上了成为一个在世界文学史上占有一席之地的著名作家的创作之路。

而反观那些毫无激情的失败者,他们总会表现出相同的特点:无穷无尽的借口,注意力不集中,对自己、工作和事业看起来显得信心不足,并伴有抱怨、敷衍、拖延等恶习。因此,美国通用电气公司历史上最年轻有为的首席执行官杰克·韦尔奇曾说过这样一句话:"看一个人能否成功,是否有发展的前途,其实非常容易,只要看看他做事有没有激情就够了。"

安妮大学毕业后,进入了一家大型企业当秘书。每天,她的工作都很简单:整理、撰写一些材料。她的一些朋友说:"你的工作也太无聊了,还是换一个吧!"不过,安妮没有这么想,她觉得自己的工作很好,并且在工作时充满了激情。她说:"检验工作,唯一的标准就是你做得好不好,不是别的。所以只要你想把它做好,你就可以做到。"

每天面对同样的工作,这让安妮渐渐懂得了不少管理和经营一家公司所需要的思想和理念。进而,她发现公司的文件中存在很多问题,甚至公司的一些经营运作方面也存在着问题。于是,安妮除了每天必做的工作之外,她还细心地搜集一些资料,甚至是过期的资料,她把这些资料整理分类,然后进行分析,写出建议。

为了将这份建议做得十全十美,安妮顾不上休息,查询了很多有关经营方面的书籍。最后,她把打印好的分析结果和有关证明资料一并交给了老板。老板当时很忙,根本没有注意到这份资料,只是随手接过来放在了一边。安妮对此也并不在意,仍然充满激情地做着她那份在别人眼里看起来非常没有"钱途"的工作。

后来有一天,老板意外发现了安妮的这份建议。读完后,老板大吃一惊,没想到这个平常毫不起眼的年轻秘书居然对公司这样关心,居然有这样缜密的思维，而且她的分析井井有条，细致入微。后来，她的大部分建议都被老板加入了公司的章程当中。老板很欣慰，他觉得有这样的员工是他的骄傲。当然，安妮也被老板委以重任。

其实安妮觉得自己并没有做什么，因为她认为，这一切不过都是自己的分内之事，她认为那是她的职责，既然是职责，当然就要尽自己最大的努力和热情去做好。但是，老板却觉得她为公司做了很多很多，而且，公司的重要工作就需要像她这样兢兢业业、热情饱满而又不动声色的人。

就这样，安妮得到了提拔，她的这个激情一直伴随着她。后来，安妮成了这家公司的总经理，全权负责公司的经营工作。公司在安妮的管理下蒸蒸日上，而安妮本人的年薪也达到了惊人的100万美元。

安妮之所以能在一个最普通的岗位上取得如此的成就，除了聪明才智之外，几乎全部得益于她用100%的激情去做1%的事情的工作态度。

可以说，激情就如同生命。凭借激情，可以释放出潜在的巨大能量，培养自己坚毅勇敢的个性；凭借激情，枯燥乏味的工作也会变得生动有趣，让自己永远充满活力；凭借激情，可以感染上司和周围的同事，让他们理解你、支持你，拥有良好的人际关系；凭借激情，可以让自己出类拔萃、与众不同，获得珍贵的成长机会和发展空间。

事实上，世界上根本不存在什么1%微不足道的事情，每一件事都值得你用自己的全部激情去做。只有用激情指引人生，才能不断发掘和展现你自己各式各样的才能，最终实现自己的梦想。

会当凌绝顶，一览众山小

有一句古话："望乎其中，得乎其下；望乎其上，得乎其中。"意思是说，做一件事，如果你的理想是达到中等水平，结果你只可能拿个下等；但是，如果你把目标定位在上等水平，你就有可能取得中等水平。

人生如同一栋栋大厦，有的直指青天，有的却低矮阴暗；有的坚不可摧，有的摇摇欲坠。是什么造成了这些不同？答案便是理想。

我们都知道，在盖楼之前一定要有明确的规划，绘制出清晰的蓝图，然后根据规划和蓝图打地基、建房子。那些楼房盖得高的，一定是从一开始就明确了"摩天大楼"的目标，因此建最牢固的地基，在这个明确理想的指引下步步为营。而那些只想着建一层看一层的人，房子盖到两三层就因为地基或其他种种限制而无法建得更高了。

人生也是如此，微小的希望只能产生微小的结果，只有从一开始就树立起"摩天大楼"的崇高理想，才能攀登上成功的高峰。

林肯说过："喷泉的高度不会超过它的源头，一个人的事业也是这样，他的成就绝不会超过自己的信念。"只有拥有了很大的目标，对生活报了更高的希望，不懈去追求高度的人生，才能够得到更大的成功。

一位伟大的诗人曾这样说过：

我向生命再次讲价，生命却已不再加酬，夜里无论如何祈求，当我计数薄财依旧。生命乃一公正雇主，任何祈求他愿给付，然而一旦酬劳讲定，汝之劳役汝须担负。向来辛劳只为薄薪，陡然恍悟，早知如果要求生命定出高价，生命原来皆愿允诺。

　　当我们同生命一再讲价，当我们把理想一再折损，当我们将希望一再抛弃，我们的人生也就变成了廉价的打折品。

　　古语说，"会当凌绝顶，一览众山小"。我们要想有一番作为的话，就应该给人生一个更大的参照物，登高望远天高地阔。只有对人生抱有更大的希望，追求高度的人生，才能够得到更大的成功，人伟大是因为目标伟大。

　　在一个建筑工地上有三个泥瓦工，有人问道："你们在做什么？"
　　第一个工人头也不抬地说："砌砖。"
　　第二个工人抬了抬头说："我正在赚钱。"
　　第三个工人热情洋溢、满怀憧憬地说："我正在建造世界上最美的殿堂。"
　　十年后，前两人依然是普普通通的砌砖工人，而第三个工人已然是当地赫赫有名的建筑师。这是为何呢？第一个工人成为了一名这个手艺行当里的老师傅，只不过他仍然是一个砌砖的泥瓦匠，因为他心里只有砖；第二个工人成为了这个建筑工地的工长，因为他心中有一面墙；而第三个人有"远见"，心中装着的是一座殿堂。

　　人生的未来就像一座大厦的落成，最终的高度取决于最初的希望，也就是我们每个人都拥有的目标。一个人心中的希望只有大到足以让他的意识与潜意识有反应，才能产生坚定的信念，才能赢得人生的辉煌。当我们多了一分毅力，多了一分坚持，那么我们就多了一分成功的可能，这样我们才能如愿以偿，摘得胜利的桂冠。

心中没有对人生更高希望的人，是很难赢得成功的青睐的，只能做一个平庸者。正如俄国文学家列宾所说："没有坚定原则的人是无用的人，没有崇高理想的人是空虚的废物。"心有多大舞台就有多大，同样地，希望若小，成就便小。希望若辽阔如海，人生便也可以在通向成功的广阔天地间自由驰骋。

走下去，路才会变长

在奋进的过程中，成败都是自然的。有成功就必然有失败。但是，生活中一些人却只迷恋成功而害怕失败，有些人甚至把失败看作是毁灭与灾难。有这种想法的人，就等于在自己的内心种下了失败的种子。就算你最终成功了，也不能成为真正的成功者。

而另一种人则不同，他们将失败当作上天的一种恩赐和机会，将失败看成是成功的入场券，会去善待失败，微笑面对挫折，并将其转化为前进的动力，最终成为真正的大赢家。

只有走下去，路才会变长。当我们因为一次的跌倒而瘫坐在原地裹足不前时，这条道路对我们来说便结束了；而当我们披荆斩棘地勇往直前时，这条路也就因我们的勇气和斗志而向着远方的目标延伸下去。

刘邦是汉朝的开国皇帝,与李世民、朱元璋相比,他的军事才能和各项技能似乎都很平常,但是他就是凭借着屡战屡败、屡败屡战的精神,最终取得了成功,也为后世树立了值得称颂的典范。

在与项羽的较量中,刘邦曾无数次地打了大败仗。但是他却始终不气馁,屡败屡战,最终取得了成功。

有一次,敌兵追逼着刘邦,差点就让其丢命;鸿门宴上若非项羽大发妇人之仁,刘邦的一缕阴魂早已飘落黄泉。在当时,刘邦留给人们的印象就是一直在挨打,一直在逃跑。在项羽巨大身影的笼罩下,刘邦是那样的卑弱可怜。

然而,积极豁达的心态使刘邦承受住了屡战屡败的打击。他并没有消沉下去,失败的耻辱反而激起了他更大的斗志。

在死亡的威胁与对手的挑战下,刘邦的潜能一次又一次地被激发出来,直到最大限度地迸发,让他在与强敌的殊死较量中成功地实现了自我超越,最终攻下城池。而四面楚歌的项羽只好自刎,将江山拱手让给了刘邦。

刘邦是汉王朝的缔造者,他对汉民族的形成与发展作出了不可磨灭的贡献,而他屡败屡战的不屈意志也给我们留下了巨大的精神财富。

心理学上把不怕失败、愈挫愈强的心理变化规律称作"奋起效应"。毫无疑问,刘邦就是一个奋起效应的成功典型。他忍受了别人对他的讽刺,对他冠以失败者的帽子,但他不曾放弃脚下的道路。正是因为他的坚持向前,他脚下原本荆棘密布的路最终将他带到了他所寻求的地方。

玫琳·凯女士是美国玫琳·凯化妆品公司的董事长，她在刚开始创业时，也与所有的人一样，经历了很多的挫折和磨难。但是一次次的失败和挫折，始终没能将她打败，她不灰心，不泄气，最终成为化妆品行业的"皇后"。

20世纪60年代初期，退休回家的玫琳·凯终于忍受不了退休后的空寂生活，她决定冒一冒险，去完成她的梦想。经过一番思考，她把一辈子的积蓄5000美元拿出来作为全部资本，开始创办玫琳·凯化妆品公司。

为了支持母亲"狂热"的理想，两个儿子也来助阵，一个辞去了一家月薪480美元的人寿保险公司代理商的职位，另一个也辞去了休斯敦月薪750美元的职务，加入到母亲创办的公司中来。

玫琳·凯知道，这是背水一战，是人生的一次大冒险。如果失败，她所付出的代价是自己一辈子辛辛苦苦的积蓄血本，还有两个儿子的美好前程。

在公司创建后的第一次展销会上，她隆重推出了一系列功效奇特的护肤品，按照原来的想法，这次的活动会引起轰动，一举成功。可是，展销会结束后，就像晴天霹雳一样，她的公司只卖出了1.5美元的护肤品，这让她再也控制不住，失声痛哭起来。

回到家后的玫琳·凯对着镜子中的自己反复地问："玫琳·凯，你究竟错在哪里？"

经过认真分析，她终于悟出一点：在展销会上，她的公司从来没有主动请别人来订货，也没有向外发订单，而是希望女人们自己上门来买东西。

悟出了这点的玫琳·凯擦掉了脸上的泪水，商场如战场，玫琳·凯从不相信眼泪，哭是哭不出成功来的。从第一次的失败中站起来后，她在抓生产管理的同时，加强了销售队伍的建设。

经过20年的苦心经营，玫琳·凯化妆品公司由初创时的9名雇员，发展到了 5000 多人，由一个家族公司，发展成为国际性的公司，销售队伍达到了 20 万人，年销售额超过 3 亿美元！玫琳·凯的梦想终于实现了。

人生其实没有什么弯路，每一步都是必需的。所谓的失败、挫折并不可怕，它能教会我们如何寻求到经验与教训，是我们通向成功的必要投资。因此，在前进的过程中，如果我们遇到了挫折，千万不要哀怨、痛苦，不要让自己沉浸在悲伤之中，只有正视挫折、接受挫折，以积极的心态面对挫折，最终方能远离挫折。因为在很多时候，你所经历的挫折对你来说未必是件坏事情。就像玫琳·凯一样，如果不经历失败和挫折，不以积极的心态面对，那么，她就不可能取得巨大的成功。

婴儿学步时，谁不曾跌倒，然而不是一次次地爬起，又怎会有如今的健步如飞？人生的道路也是一样，通往成功的道路充满曲折和坎坷，只有坚定不移地走下去，脚下的路才会最终将我们引向我们期待的终点。

拿破仑说："人生的光荣不在于永不失败，而在于能够屡败屡战。"成功的人不是从开始就光辉闪耀，他们也是从无数的跌倒中爬起来，却不放弃脚下的路，路越走越长，最终让他们抵达成功的终点。

坎坷永远不是路的尽头，只要脚步不停，路便没有终点。

转角，发现柳暗花明

人总是要与问题为伍的。从呱呱坠地到盖棺论定，从衣食住行到定国安邦，从平民百姓到公子王孙，每一个人都会遇到各种各样、大大小小的生活难题。活着，就是不断地处理问题，而有些人却常常因为一时的问题而陷入自我否定和自我怀疑之中，总以为进入了死胡同而自暴自弃。

其实，这个世界上没有什么是唯一的或不可替代的，无论少了什么，太阳依然升起，四季依然流转。很多一时看似没有出路的困境，只要换个角度，就能柳暗花明。只是我们被自己思维的惯性所困，才封闭自己另寻出路的可能。只要将心放宽，学会洒脱随心的人生态度，你就会发现，昔日的绝境不过是自己钻了牛角尖，退一步，便海阔天空。

科学家们曾经进行了这样一项实验。

他们将六只蜜蜂和六只苍蝇分别装在两个一模一样的玻璃瓶中，然后将瓶子平放，瓶底朝着窗户。实验结果是：几小时后，蜜蜂们或累死或饿死，而苍蝇们则穿过另一端的瓶颈全都逃跑。

这是为什么呢？原来，蜜蜂喜爱光亮，它们以为出口必然在光线最明亮的地方，于是就不停地想在较亮的瓶底上找到出口，不停地重复着这种合乎逻辑的行动，直到力竭身亡。而那些头脑简单、对事物的逻辑关系毫不留意的苍蝇们全然不顾亮光的吸引，四下乱飞，结果误打误撞地找到了下面的出口，获得了自由和新生。

反思一下，当陷入困境的时候，我们是不是也像蜜蜂一样，认准一条路努力，而一旦这条路走不通，就以为陷入了绝境呢？其实只要我们高瞻远瞩，能够尽快摒弃以往的思维模式，转换一种思维方法，问题便可迎刃而解，生活出现新的转机。

我们很容易像蜜蜂一样，因为太长时间陷在同一种生活方式里，以为这就是全部的人生，在不知不觉中钻了牛角尖。就像扑火的飞蛾，把火光当作生活的唯一希望，不顾一切地去追求，结果却将自己逼上了绝路，最终粉身碎骨。

人在世间，常有很多的不如意、很多的不稳定和变故。这时候，我们常常陷入负面的情绪，只知反复诘问："为什么总是我？""为什么世界对我这么不公平？""为什么就没有人能理解我？"若如此，我们只能在自我厌恶和敌视他人的道路上将自己逼入死角。面对人生中的不如意，若能做到换个角度，寻求柳暗花明而不钻牛角尖，很多烦恼和痛苦其实都可以避免。

死神在一场瘟疫中累倒了，靠在路边休息，一个好心的青年跑来安慰他。死神见青年善良老实，就将他收为徒弟。死神教青年非常厉害的点穴手法，只要在病人的穴道点几下，病就治好了。

过了一段时间，死神对青年说："你现在可以去行医了，但是有一条戒律不可以违犯。当你治疗垂死的病人时，我会站在病人的床边，如果你看见我站在病人的脚旁，你可以把他的病治好；如果你看见我站在头那一边，就表示那人的大限已到，你就不用治了，否则，就要拿自己的命来抵。"

青年一直遵守死神的戒律，也治好了很多人，成为当代的名医。

有一天，公主生病了，群医束手无策，国王便颁布了一个命令：如果有人能把公主治好，就传位于他，并把公主许配给他。青年在远方听到了消息，就跑到皇宫为公主治病。当他走进公主的房间时，公主的美丽使他倾心，但公主的头旁边却站着死神。

青年实在是很喜欢公主，他决定要救活公主，但是死神站在公主的床头，怎么办呢？青年冥思苦想了一段时间之后，对国王说："大王，请叫人把公主的床换一个方向，这样我就能把公主治好。"

国王立即派人把公主的床换了方向，这样死神变成了站在公主的床尾，青年很快就把公主治好了，死神对他也无可奈何。接下来，青年迎娶了公主，继承了王位，过着幸福快乐的生活。

面对棘手的问题时，这个青年并没有被眼前的困境所蒙蔽，消极地逃避或搁置问题，而是保持冷静的头脑，在理性分析的基础上适时地变通了一下，稍稍地把床头和床尾换了个位置，找到了适当解决问题的方法，斗败了死神。

因此，面对各种难以解决的问题时，我们要相信在忧患中隐藏着机会。这就需要我们不要总想着如何正面地克服障碍、解决问题，而是让思维在一定时间内适当地转换一下角度，从侧面创造性地思考问题，进而获得柳暗花明的改变。正如我国古代的军事圣书《孙子兵法》所云："先知迂直之计者胜。"

换一下角度，发挥创新思维，在走出困境的同时，也许就获得了柳暗花明的改变，那时你会觉得原来一切都没有想象的那么难，什么难题在你这里都不是问题。人生如此，该是何等的洒脱，何等的惬意。

第五章 依心而行,才能无憾今生

如何守住心灵的一方净土，使自己的日子过得顺心而滋润呢？需要的，只是一份成熟的心态。一个苹果，有人喜欢赏玩其色泽，有人想品尝其美味。你在乎的，对你来说，就是好的。

走好自己的路

我们不是神灵，不是超人，不是英雄，我们会犯错，会出丑，会软弱，渺小的我们不可能让所有人都瞧得起，总有一些人会蔑视、看轻我们。被轻视时，很多人会感到委屈，并且为此常常哭泣。但哭泣又有什么用呢？既不能让自己变得完美，也不能改变别人对我们的看法。

如果我们太在意别人的目光，把所有轻视的目光或言语都放在心上，我们就会越来越沮丧，越来越有挫败感。

玛丽不漂亮，身材也不好，和其他贵妇人站在一起，简直黯淡无光。为此，她总感到有人在嘲笑她。为了变得光彩照人，她跑去了美容院整容，但美容师告诉她，再怎么整也不可能把她的脸变成杰作。玛丽感到很受伤，再不敢去公众场合，因为她太害怕别人嘲弄的目光。

一天，玛丽去广场散步，看到一个矮小而肥胖的老妇人。尽管外表让人不敢恭维，但这位老妇人看起来非常高贵，脸上画着淡妆，身上穿着礼服，戴着黑色的长筒手套，手里还拿着一根尖头手杖。因为她的身体过于肥胖，这根手杖要支撑很大的力量。突然，手杖尖头深深戳进了地面夹缝中，那老妇人便用力地往外拔，因为用力过猛，她的身体失去重心，整个人翘趄地跌倒在地上，样子很是狼狈。

玛丽有些同情她，她竟然在大庭广众之下出了这么大一个丑。就在玛丽以为这个老妇人会掩着脸躲避众人嘲笑的目光时，她却缓缓站了起来，对向她报以同情目光的玛丽笑了笑，说："瞧我不小心的，摔了个大跟头。"说完，还冲玛丽做了个鬼脸。

老妇人优雅转身离开后，玛丽感到十分惊奇，她想不通为什么那位老妇人没有表现出应有的愤怒和沮丧。回去的路上，她突然意识到：走自己的路，不去在乎别人的目光，不就能让自己愉悦起来了吗？从这以后，玛丽开始调整自己的心态，她不再过多地考虑别人对自己的看法，不会因为别人的嘲笑或轻视而闷闷不乐。

我们每个人都生活在别人的评价、指点、判断之下，有时候来自别人的声音太响，以至于我们听不到了自己的声音。

然而有人喜欢甜的，便有人喜欢酸的，有人希望你委婉谨慎，有人便希望你果断勇敢，你永远不可能满足所有人的要求。而当你太在乎别人说什么，努力去迎合每一个人的口味时，你只能丢了自己，却仍得不到所有人的满意。不能别人一嘲笑，就胡乱地改变自己。把自己折腾来折腾去，只会越来越糟，让别人越发看不起。

有句话说得好："走自己的路，让别人说去吧。"如果被轻视，我们就应该保持这个心态，好好走自己的路，让别人随意轻视去吧。

1842年3月，爱默生在百老汇的社会图书馆里做了一次演讲，激励了当时年轻的诗人惠特曼："谁说我们美国没有自己的诗篇呢？我们的诗人文豪就在这儿呢！"

就这样，爱默生一番振奋人心的话，令惠特曼很激动，使他内心升腾着非常坚定的信念，他要到不同的领域、不同的阶层去深入生活，从而创造出新的不凡的诗篇。

后来在1854年，惠特曼的《草叶集》终于问世了，该诗集的基调是"热情奔放"，采取新颖的形式，将民主思想和对种族、民族和社会压迫的强烈抗议深刻地表达了出来，那时，甚至还影响到了美国和欧洲诗歌的发展。

爱默生在看到《草叶集》的出版以后，也是激动不已，称这些诗是"属于美国的诗"，"是奇妙的"，"有着无法形容的魔力"，"有可怕的眼睛和水牛的精神"，并且，还高度评价了惠特曼。

但是，《草叶集》却不容易被大众们所接受，这是由于该诗集的写法是新颖的，格式不押韵，思想内容也是新颖的。然而，在爱默生的赞扬下，此书还是很畅销，惠特曼自己的信心和勇气也因此增加了许多。到了1855年年末，他印了第二版，并且还将20首新诗也附加了进去。

在1860年，惠特曼决定印《草叶集》的第三版。就在他决定将新作补充进去的时候，爱默生竭力劝他将其中的几首刻画"性"的诗歌删除，如若不然，此书将不会畅销。但是，惠特曼却对此并不在乎："那么，删后还会是这么好的书吗？"爱默生立即反驳他说："我没说'还'是本好书，我说删了就是本好书！"

然而，惠特曼始终不肯作出让步，他坚定地说道："我想，我的意念是不服从任何的束缚，而是要坚定地走自己的路。我是不会删改《草叶集》的，那么，就任由它自己枯萎和繁荣吧！"

不久后，惠特曼印行的第三版《草叶集》竟然得到了畅销，也由此获得了很大成功。很快，这本诗集就传遍了世界的各地。

这正如爱默生后来说到的一句话："偏见常常扼杀很有希望的幼苗。"看来，只要看准了，就要充满自信，敢于坚持走自己的路。

是啊，如果惠特曼当初没有坚持自己的观点，也许第三版的《草叶集》就不会获得成功。

其实，我们每个人要选择一条路并不难，难就难在，我们常常会因为别人的话而怀疑自己的选择，于是好好的一条路就被我们半途而废。走自己的路不是一件容易的事情，这需要我们有毅力，需要我们有勇气，需要我们自信于自己的选择，而不要被别人的闲言碎语所左右。

我们不是圣人，不可能同时让所有人都满意。与其被别人的态度束缚住，不如释然一点，做一个为自己而活的人。

宠辱不惊，去留无意

要知道，我们拥有的，多不过付出。物质不过是满足生活基本需求的资源，而真正能给我们带来幸福与祥和的，却是一颗不为物质所动的平常心。

如何守住心灵的一方净土，使自己的日子过得顺心而滋润呢？我们不妨静下心来，保持一颗平常心。所谓平常心，即对待周围的环境做到"不以物喜，不以己悲"，更要对周围的人事做到"宠辱不惊，去留无意"，气定心宁，闲庭信步。

弘一法师，俗名李叔同，清光绪年间生于富贵之家，是一位才华横溢的艺术家，是名扬四海的风流才子，集诗词、书画、篆刻、音乐、戏剧、文学等才华于一身，在多个领域中开创了中华灿烂文化之先河，用他的弟子、著名漫画家丰子恺的话说："文艺的园地，差不多被他走遍了。"

但是，正当盛名如日中天、正享荣华之时，李叔同却彻底抛却了一切世俗享受，到虎跑寺剃度为僧了，自取法号弘一，落尽繁华，归于岑寂。出家24年，他的被子、衣物等，一直是出家前置办的，补了又补，一把洋伞则用了30多年。所居寮房，除了一桌、一橱、一床，别无他物。他持斋甚严，每日早午二餐，过午不食，饭菜极其简单。

弘一法师以教印心，以律严身，内外清净，写出了《四分律比丘戒相表记》、《南山律在家备览略篇》等重要著作……他在宗教界声誉日隆，一步一个脚印地步入了高僧之林，成为誉满天下的大师，中国南山律宗第十一代祖师。正因为此，对于李叔同的出家，丰子恺在《我的老师李叔同》一文中说："李先生的放弃教育与艺术而修佛法，好比出于幽谷，迁于乔木，不是可惜的，正是可庆的。"

前半生享尽了荣华富贵，后半生却剃度为僧。这种变化，在常人看来觉得不可思议，甚至在心理上难以承受，而弘一法师却以平常心淡定自然地完成了转化，淡然地享受着"绚烂之极归于平淡"的生活，并获得了人生的极致绚烂。

在生活中，常常一点点改变就会让我们陷入患得患失之中，得到一点荣誉，便怕失去；获得一点关注，便怕"过气"；有过一次挫折，就怕再跌跤；受过一次伤害，就怕再投入。我们会为很多诸如此类的小事轻易地失去平常心，因而也陷入精神的折磨之中。

要知道，得到的并不一定就会长久，付出了也不一定就都有收获。世事原本如此，若不能以平常心对待，人生就注定以悲剧收场。

李广性格较为自负，汉景帝时期，他曾任上谷太守。上谷当时是汉朝和匈奴冲突较为激烈的地带，每当匈奴人到城墙下辱骂邀战时，李广都要亲自挂帅出城应战，行事过于招摇，惹来一些官员的不满。

汉景帝素与自己的亲生弟弟梁王有些隔阂，常恐其逼宫。但李广在随周亚夫平定"七国之乱"时，竟然不识时务地接受了梁王赐予的将军印，并且拿回京城大肆炫耀了一番，此举触怒了汉景帝，遂没有给他半分奖赏。

在雁门关之战中，李广任骁骑将军，他不幸被生擒，因为不想被俘虏，他便装死，最后成功逃回汉朝，此举又让很多朝中官员感到不满。后来，他参与了卫青大将军的漠北之决战。卫青让李广从侧路袭击，李广想一举封侯，便请战当先锋，遭到拒绝后，只好奉命从侧路进攻。但他在领兵时迷了路，没有及时和卫青的主力部队会合，导致单于逃跑。卫青责怪了他两句，李广想到自己五十年以来的不得志，心中一阵委屈，最后引刀自刭。

　　李广征战五十年，功劳不下卫青、霍去病，却始终没有封侯，确实令人感到悲哀。但他身上确实存在一些缺点，如果他能及时将缺点改正，或许一早就封侯了。而当付出没有回报时，李广选择了自杀，比起他的不得志，他的自我了断更加让人感到悲凉。为什么不能以一颗平常心将所有事情都看淡些呢？看淡付出和收获，会生活得更快活。

　　平常心，是面对成就、面对荣誉时的谦和自制，是面对失败、面对挫折时的不气不馁。平常心，可以让我们在顺境中不失于浮躁，从而稳扎稳打地更上一层楼；可以让我们在逆境中不自暴自弃，从而披荆斩棘，重返辉煌。

　　成功没有捷径，但是好的心态却可以成为我们成功的助推器。保持一颗平常心，淡然看待成败，我们才能离成功更近一步。人生在世，岂能时时顺心、事事如意，只有保持一颗平常心，淡然处世，我们才不会被烦恼所扰，才不会被俗事所累。

小智若仙，大智若愚

　　山从不炫耀自己的高度，但并不影响它的高耸入云；海从不解释自己的深度，却不会影响它的深不可测；地从不显露自己的势力，却没有谁能忽略它的厚度；天从不浮夸自己的空阔，却被尊之为囊括之首。因此，我们也不用过多说明自己的能力，不显山不露水，风度自现，智慧自成。

　　开得太过招摇的花，早早被人折下插入花瓶，早早凋谢。只有懂得韬光养晦的人，才能在通向辉煌的道路上走到最后。

　　有些人轻易地被一时的得意冲昏了头脑，被各种荣誉、鲜花和掌声包围，心变得浮躁起来，激动起来，变得飘飘然，甚至忘了自己是谁，自以为是，目中无人，恶念和恶行乘虚而入，那么就可能离失败不远了。想来，人生遗憾之事，莫过于此。

　　Eely 是一所名牌大学中文系的毕业生，文采出众，再加上她精力充沛，很顺利地谋得一家报社的工作。因为能力强，领导交代的任务，每一次她都能出色地完成。因此，Eely 总是将自己视为报社最有才能的人。

　　当别人的工作出现问题时，Eely 总会用夸张的语气说道："不会吧，一篇社会新闻都写不好？"当别人指出她的方案有问题时，她第一个反应是："那也没办法呀！谁让你们提不出比我更好的办法。"

日子一久，谁都不愿意和 Eely 一起工作了。Eely 也意识到自己的孤立状态，可她认为问题不在自己身上，是同事太忌妒自己的才能，才要尽量远离她。可是几年下来，眼看身边的同事一个个升了职，只有自己还是当初进入报社时的那个职位，Eely 不明白，为什么明明自己能力出众，却始终得不到领导的器重呢？

我们要培养自己平和谦逊、低调简约的做人品格。只有不被自身耀眼的光芒所迷惑，才有可能得到更长远的发展。

唐代功勋卓著的朝廷重臣郭子仪，因功绩显赫而被封为汾阳郡王，王府就建在长安。自从王府落成之后，郭子仪下令每天都将府门大开，任凭人们自由进出。

一天，郭子仪帐下的一名将官要调到外地任职，特意到王府来辞行。他早就听说王府中鲜有禁忌，便直冲冲一路往前走。当他走进内宅时，恰巧看见郭子仪在一旁侍奉夫人和他的爱女梳妆打扮，一会儿递手巾，一会儿端水，如仆人一样，在堂前厅后跑来跑去，忙得不亦乐乎。

这位将官虽然当时忍住了讥笑，但刚出了王府就乐个不停。回家后，他忍不住把这个情景告诉了家人，不承想一传十十传百，几天的工夫，京城的大街小巷都知道了这个茶余饭后的笑话。

如此，郭府上下的人也不免都有所耳闻。郭子仪的几个儿子听后感到父亲的颜面大大地被羞辱，便相约一起来劝说父亲关上王府大门，禁止闲杂人等出入。他们一个个义愤填膺、慷慨激昂，甚至还搬出了商朝的贤相伊尹和汉朝的大将霍光，以此说明古今上下没有人像父王这样"透明"的。

郭子仪含笑听完了儿子们的抱怨，之后收起笑容，语重心长地说："我之所以敞开府门，任人进出，并非是为追求那些浮名虚誉，而是为了保全自己，保全我们全家的性命啊。"

儿子们听了，一个个都被父亲这份郑重吓倒，忙问其中究竟。

郭子仪叹了口气，说道："你们光看到郭家显赫的地位和声势，却没有意识到这些是会随时丧失的。正所谓月盈而蚀，盛极而衰，人世同自然，不妨做到急流勇退。可是眼下朝廷又倚重于我，断不肯让我归隐脱身。在这样进退两难之时，如果我紧闭大门，不与外面来往，只要有一个人与我郭家结下仇怨，那麻烦可就大了。你们想，我打了那么多的仗，仇敌会少吗？如果有一个人诬陷我们对朝廷怀有二心，就必然会有人落井下石，那些嫉贤妒能的小人也会从中添油加醋，制造冤案。那时，我们郭家又如何得以保全？"

儿子们听后都默不作声，仔细掂量着父亲这番话的重量。

内敛含蓄，得意而不忘形，时刻在内心画一道警戒线，明示哪些是可以逾越的，哪些是不能触碰的。这不仅培养了我们简明淡定的心态，更让我们感受到了胸怀大志的远见卓识。正所谓"小智若仙，大智若愚"，只有懂得矜持低调、不事张扬的人，才能如流水般川流不息，源远流长。

自守其德,修身养性

《周易·谦卦》中说:"谦谦君子,卑以自牧。"意思是说,有道德的人,总是以谦恭的态度自守其德,修养自身。一个谦虚的人总能获得周围人的认同和赞扬,从而使自己的社会交往更加游刃有余。同时谦虚的心态又会使人具备一种认真做事的精神,更加踏实和敬业,同时也使事情完成得更好。

骄傲的人走到哪里都不会招人喜欢,而只有当你以谦逊的态度来表达自己的观点或做事时,才能减少不必要的冲突,还容易被他人接受。即使你发现自己有错时,也很少会出现难堪的局面。正如柴斯特·菲尔德所说的:"如果你想受到赞美,就用谦逊去做诱饵吧。"

在柯金斯担任福特汽车公司经理时,有一天晚上,公司里因有十分紧急的事,要发通告信给所有的营业处,所以需要全体职工协助。当柯金斯安排一个做书记员的下属去帮忙套信封时,那个年轻职员傲慢地说:"那有碍我的身份,我不干!我到公司里来不是做套信封工作的。"

听了这话,柯金斯一下就愤怒了,但他平静地说:"既然做这件事是对你的污辱,那就请你另谋高就吧!"

于是那个青年一怒之下就离开了福特公司。他跑了很多地方,换了好几份工作都觉得很不满意。他终于知道了自己的过错,于是又找到柯金斯,诚挚地说:"我在外面经历了许多事情,经历得越多,越觉得我那天的行为错了。因此,我想回到这里工作,您还肯任用我吗?""当然可以,"柯金斯说,"因为你现在已经能听取别人的建议了。"

再次进入福特公司后,那个青年变成了一个很谦逊的人,不再因取得了成绩而骄傲自满,并且经常虚心地向别人请教问题。最后他成为了一个很有名的成功者。

官职再大、地位再高、钱财再多又怎样,静下心来看待这一切,你会明白所有人的人格是平等的,世界上谁也不会比谁高贵多少,这些身外之物是微不足道的。即使你再高人一等,也没有盛气凌人的资本。

子曰:"君子不重则不威。"重为庄重,不是自命贵重;威乃威严,绝非八面威风。那些取得伟大成就的人,无论自己居于何等高位,身份多么尊贵,获得怎样的才能,他们都会以一颗平常心对之,从不标榜自己,更不会四处张扬、盛气凌人,尊重身边的每一个人,这是一种大气,一种成大事必备的品质。

高山从不测量自己的高度,一个人又何须炫耀自己的某一所长。放平心态,谦和待人,如此,才是做人的真意。

下面是发生在美国纽约曼哈顿的真实故事。

一个晴朗的午后,在位于纽约曼哈顿的美国著名企业"巨象集团"总部大厦楼下的花园长椅上,坐着一个美国中年妇女和她的儿子,她很生气地在跟儿子说着什么。距他们俩不远处,一位六七十岁头发花白的老人正拿了一把大剪刀在园中剪枝。

这时，妇人突然从随身挎包里拿出一张卫生纸揉成一团，一甩手扔出去，正落在老人刚剪过的灌木枝上。白花花的一团卫生纸在翠绿的灌木上十分显眼。老人朝中年女人看了一眼，什么也没说，走过去，拿起那团纸扔进了旁边的垃圾桶里，回到原处继续修剪灌木。

哪知，中年女人又从挎包里揪出一团卫生纸扔了过去。儿子奇怪地问："妈妈，你要干什么？"中年女人没有回答，只朝儿子摆了摆手，示意他不要说话。老人将这团纸也拿起来扔到垃圾桶里，谁知妇人随后又扔来一团纸。就这样，老人不厌其烦地捡了妇人扔过来的六七团纸，始终没有露出不满和厌烦的神色。

这时，中年女人指着老人对儿子说："我希望你明白学习的重要性，如果你现在不努力学习，眼前这个修剪灌木的老人就是最好的例子。将来你就跟这个老园工一样没出息，只能做这些卑微、低贱的工作！"原来男孩学习成绩不好，妈妈生气地在教训他，面前剪枝的老人成了"活教材"。

老人听到了妇人的话，放下剪刀走过来："夫人，这是巨象集团的私家花园，按规定只有集团员工才可以进来。"

妇人高傲地说："那当然，我是巨象集团所属一家公司的部门经理，就在这座大厦里工作！"说完，她掏出一张证件朝老人晃了晃。

老人沉思了一会儿，说道："如果您不介意的话，我能借你的手机用一下吗？"

妇人一边极不情愿地把自己的手机递给老人，一边又借机会开导儿子："不是妈妈说，你看这些人，这么大年纪了，连一只手机也买不起，你今后一定要努力学习，长大了可要长出息哟！"

老人拨了一个号码，简短地说了几句话，就把手机还给了那妇人。没过一会儿，巨象集团人力资源部的负责人急匆匆走来，妇人忙满面堆笑地迎上去，可是那位负责人好像没有看到她，径直走到老人面前，毕恭毕敬地站好。

"我现在提议免去这位女士在巨象集团的职务！"老人指着妇人对负责人说道。

负责人连声答道："是，总裁先生。我立刻按您的指示去办！"

妇人大吃一惊，原来这个人正是"巨象集团"的总裁，她颓然地坐到椅子上。

老人用手抚摸着男孩的头，意味深长地说："孩子，我希望你明白，世界上最重要的是要学会尊重每一个人……等你真正理解并学会怎样尊重别人的时候，你带着你的妈妈再来找我吧。"

这位修剪树木的老人原来是学识渊博、才华横溢的商界领袖，更是心怀大度、从容淡定之人，他能够不厌其烦地捡妇人扔过来的六七团纸，还做得心平气和，恬淡安然，始终没有露出不满和厌烦的神色，这是一种朴素而伟大的人格魅力。而那位妇人仅仅因为自己就职于一家不错的公司就自以为高人一等，结果只能是自讨苦吃。

老子曾经说过："上善若水。"也就是说，最好的善，就像水一样，水可以无孔不入，可以根据不同形状来改变自己的形状。虽然水非常弱小，但是水滴石穿的事实却让人对它刮目相看。做人要像水一样，无论在什么时候，都可以变换自己的形状，容纳所有的一切；无论在任何时候，都可以将自己的头颅放低一点，因为成熟的麦穗总是低着头的。

无论职务高低、身份贵贱，宠辱不惊，淡看沉浮，尊重身边的每一个人，这是维系人与人之间关系最基本的要素，也最能显示一个人的大气之风。

破茧，方能成蝶

莫泊桑曾说过："天才，无非是长久的忍耐。"

在人生这条道路上，有着无数的风雨冰霜、艰难险阻。倘若我们一遇到磨难就意志消沉，自暴自弃，不再为自己的目标努力了，可能一时比较痛快，但却永远不可能享受到成功的喜悦，人生也会显得肤浅和苍白。

有一则小故事，读来颇有感触。

冒顿是匈奴头曼单于之子。头曼单于死后，冒顿成为了部落的新首领。

冒顿即位之后，邻国东胡觉得冒顿刚刚执掌大权，地位还不稳固，就想浑水摸鱼，敲诈他一笔。

东胡王派出一个使者来到匈奴，使者向冒顿索要头曼单于生前所骑的千里马。

冒顿虽然年纪不大，头脑却非常灵活。他心里很清楚，自己刚刚夺得单于之位，政权不稳，现在还不能与东胡王抗衡。可是如何去应对，他却陷入了沉思。于是他便召集群臣商议此事。

大臣们都说："千里马是我们匈奴国的宝物，不能给他。"众人纷纷怒不可遏，大有与东胡一决高下之意。只有冒顿一言不发，他静下心来想了想，然后摆摆手说："我们和东胡是邻国，往来频繁，怎么能因为一匹马而把两国的关系闹僵呢?"

于是,冒顿下令把这匹千里马送给了东胡来使。东胡使者牵着马,非常高兴地回去了。

东胡国王见状,以为冒顿果真是软弱可欺,于是野心更加膨胀。没过多久,他又派使者来到了匈奴,这一次索要的是冒顿宠爱的一名妃子。

面对东胡国王的贪得无厌,匈奴的大臣们愤怒无比,纷纷请求冒顿出兵讨伐欲壑难填的东胡国。

可是,对于东胡一而再、再而三的无理要求,冒顿却显得并不在意,他说:"为了一个女子而得罪邻国,没那个必要。"于是,冒顿再次下令把自己的宠妃送给了东胡王。

经过数年的忍辱负重,冒顿的部落变得强大起来。这时他决定亲自率领军队,立刻讨伐东胡。

自从顺利得了宝马、美人,东胡王便认为冒顿是个软弱无能的人,他做梦也没想到冒顿单于敢来和自己打仗。因此,当匈奴大军突然杀过来的时候,东胡人被打了个措手不及,很快便溃不成军。冒顿并没有就此罢休,而是乘胜追击,亲手杀死了东胡王。

冒顿之所以能够成功,就是因为他能够冷静地克制住自己的怒气和冲动,最后厚积薄发,马到功成。一个人成长的过程也是如此,人必须首先经历过无数的苦难,接受各种考验,意志才能得到磨炼,力量才能得到加强,心智才能得到提高,才能获取知识与智慧,也才能够有所成就。

在《西游记》中,孙悟空几次气愤地提出,自己一个筋斗十万八千里把经拿回来,不就行了吗。能行吗?绝对不能!用今天的话来说,取经的过程,实际上就是唐僧及四个徒弟的成长过程，没有九九八十一难的考验和磨炼，也就不可能有正果的修成。其实，佛祖看重的不是那些经书，而是取经的过程。

成熟的人懂得"吃得苦中苦，方为人上人"、"宝剑锋从磨砺出，梅花香自苦寒来"的道理，懂得风雨是成长的助推剂，挫折是前进的发动机。所以，他们总能以豁达、积极的态度看待人生的磨难，具有战胜磨难的勇气和信心，不屈不挠，进而使自身的能力和才华得以发挥和提高。

"现代法国小说之父"、世界级著名大文豪奥诺雷·德·巴尔扎克曾说过："苦难对于天才是一块垫脚石，对能干的人是一笔财富，对弱者是一个万丈深渊。"的确，伟大的人格无法在平庸中养成，只有历经坎坷、磨难后，视野才会开阔，灵魂才会升华。而巴尔扎克本人正是踩着磨难走向成功的天才。

巴尔扎克虽为贵族出身，但由于母亲的冷漠无情，他不但缺少温暖的母爱，还觉得自己好像是家里多余的人，童年生活犹如噩梦一般。大学时期，他因想做一名文学家而不是父亲喜欢的律师，而与父亲的关系紧张，结果失去了稳定的经济来源，不得不靠四处打零工糊口。在此期间，他还进行着文学创作工作，但是他的付出并没有得到回报，那些作品不断地被退了回来。

从学校毕业后，为了获得独立生活和从事创作的物质保障，巴尔扎特曾先后从事出版业和印刷业，皆告失败，后来还在与书商打交道的过程中受骗，以致负债累累。为了躲避债务，他不得不多次迁居，最困难的时候他每天只能吃点干面包，喝点白开水。但他挺乐观，他在桌子上画上一只只盘子，上面写上"香肠"、"火腿"、"奶酪"、"牛排"等字样，然后在想象的欢乐中狼吞虎咽。

经历了太多社会中混乱的人情世故，遭逢了无数的否定和不幸，巴尔扎克的生活几乎是一团杂草，但是他并没有沉沦于这些痛苦的情绪中，更没有放弃自己写作的愿望，他在手杖上刻了一行字："我将粉碎一切障碍。"他不断地追求和探索知识，对哲学、经济学、历史、自然科学、神学等领域进行了深入研究，积累了极为广博的知识和经验，终成法国现实主义文学成就最高者之一。

被骗负债，屡遭退稿，穷困潦倒……这些磨难足以打倒一个人，但是巴尔扎克颇具大气，他不仅没有退缩，不甘沉沦，而且始终以积极乐观的心态去迎接苦难，接受苦难，战胜苦难，最终抵达了生命的巅峰。最好的才干往往是从烈火中冶炼出来的，神灵创造天才的方式，这般独特和不可思议。

看来，一个成熟的人在经受磨难之时，要懂得把磨难看成是人生走向成熟与成功的"磨刀石"，而不要看作是人生的"绊脚石"，不是被动地承受外加的痛苦，而是把痛苦转化为内在抗争的力量。

因此，面对坎坷时，我们要以豁达乐观的态度面对磨难，不仅要"经得起"磨难，更要主动去"迎接"磨难，在磨难中经受磨砺，如此就会化蛹成蝶，凌空飞翔，使卑微的生命放射出夺目的光彩！

伸开手掌，你拥有全世界

生活在都市的繁忙下，很多人总是喊着活得太累，工作压力大、生活负担重、人际交往复杂，为什么会这样呢？这正是因为很多人什么都不肯放弃，原本工作压力已经很大，却舍不得一次赚外快的机会；原本任务已经超出了自己的能力，却碍于面子不肯放弃；提出的方案已经被否定，却总想再改改能得到上级的肯定。就这样，我们给自己的人生背篓里放满了重物，哪样也舍不得抛弃，结果人生的每一步都疲惫不堪。

放弃，需要勇气；放弃，是种境界；放弃，是痛定思痛后的清醒，是超越世俗的大智慧，是画龙后的点睛，更是深刻后的平和。正如一句话所说："握紧拳头，你的手里是空的；伸开手掌，你拥有全世界。"

每个人的一生总会经历各种抉择，什么都想要，什么亏都吃不了，只会一次又一次地失去，并且让损失越来越大。如果你不能理解这段话，不妨看看下面这个故事。

有一家公司在城市偏僻的地方买了一块地皮，由于价格低廉，公司老板非常满意。

老板买完地皮之后就开始投资建造一座豆奶加工厂，他认为这是一个低投入高回报的行业，自己一定能成功。但是事与愿违，公司从兴建伊始就开始亏损，远没有当初计划得那么好。但是公司老板不愿意放弃，继续投入了几十万资金。他相信，过不了多久，公司就会峰回路转，实现预计的盈利目标，可没想到几十万又打了水漂。

老板认为是公司设备不够先进，影响了生产效率和质量，又投入了80万元引进了德国的高端生产设备，但是理想和现实有巨大的差距，公司仍然在亏损。

原来豆奶市场在当地已经很饱和了，而他的公司又是一家新公司，根本没有品牌竞争力。但是公司已经投入了100多万元，管理者想要放弃，却又不甘心自己的努力付诸东流，于是又投入了300万元，希望可以置之死地而后生，但是投资依然是泥牛入海，一点成效都没有……

最后，老板为了豆奶公司倾家荡产，没有赚到一分钱，令人扼腕叹息。

就是因为不懂放弃，一开始的不良投资最终拖垮了这位老板。其实，放弃并不是那么可怕的事，懂得放弃，是为了更好地生活。

诗人泰戈尔说："当鸟翼系上黄金就飞不远了。"想要获得自由，就得放弃黄金，如果什么都想要，到头来可能什么也得不到。

是啊，如果一件东西不再属于自己，就算穷尽所有力量也不能得到时，放弃会是非常明智的选择。如果不肯放弃，死抓着那件东西不放，就很有可能为自己招来麻烦。

还有三个月，方方和晓娜就要研究生毕业了。两个人都是品学兼优的学生，都有着同样的留校执教的理想。但留校的名额有限，学校在做出选择时，总是更偏向于从本科时就在本学校就读的学生。方方和晓娜虽优秀，但都是从外校考来的，前景并不明朗。

某天，晓娜的生日，她兴致勃勃带了外卖和啤酒邀方方同食。酒至酣处，头重脚轻的晓娜一个不小心，将手中的空酒瓶从四楼阳台上丢了下来。酒瓶虽未砸到人，但横飞的碎片还是让恰巧路过的人触目惊心，人们议论纷纷，终将此事传到学校领导耳中。

被通报批评后，方方觉得自己留校的机会十分渺茫，便不再痴等考核结果，开始找工作。恰巧此时是各大知名企业来学校招人的高峰期，方方顺利和一家国企签订了合同，三个月后正式入职。晓娜却一直没有动静，她说，自己是研究生会的骨干，导师又对她印象颇佳，只要写封深刻的检讨信给学校领导，必定还有希望。

三个月过去了，方方开始正式上班，晓娜却仍待在学校等结果。很可惜，她最后还是被淘汰，她不得不四处奔波去找工作。

方方是明智的，她知道与其花大把精力去挽回无法扭转的事情，不如放弃原有的，重新寻找适合自己、能给自己带来同等利益的。晓娜有些执拗，期待的事情明明已经很难再实现，她还是不愿意离开，费尽心力做无谓的努力。然而，机会不等人，把时间蹉跎在这件事情上，就会失去抓住另外一件事情的机会。

有时候，真正弥补遗憾的方法，不是挽回而是放弃。及时地放弃，及时地转战另一个战场，就会看到更多不一样的精彩。

第六章

繁华落尽。平平淡淡才是真

平凡的人生里，没有那么多轰轰烈烈，没有那么多名垂青史，更多的是平凡小事。把小事当磨炼，把平凡当乐趣。繁华落尽，平平淡淡才是真。

一屋不扫，何以扫天下

千里之堤，溃于蚁穴。万里之行，始于足下。两句古语，说的其实是一样的道理，任何伟大的事都是由一件一件小事所组成的，即使无边的海洋也是由一滴一滴的水珠所构成。

平凡的人生里，没有电影中那么多轰轰烈烈，没有历史故事中那么多名垂青史，然而做好生活中一件件平凡的小事便是人生通向不平凡的开始。

在非洲，一头受伤的小象倚靠着它的妈妈——一只年老的大象。大象体积庞大，每头大象都有3吨到7吨的重量，一旦倒下，就再也不能爬起来，所以，受伤的象都会倚靠着同伴，直到痊愈。现在，小象似乎有了好转的迹象，它试着抬起笨重的前腿，迈了几步，很快走了起来。象妈妈叫了一声，像是很高兴看到孩子康复。

这时，悲惨的一幕发生了。小象走过一条小河时，被一块圆石绊倒，跌进了河里，因为沉重的身体，它不能把自己支撑起来，只能苦苦地在河水里挣扎。年老的象妈妈无处求救，只能眼睁睁地看着孩子溺死在河水里。

一只巨大的象竟然会被小小的石头绊倒，失去了性命，这不可思议的一幕值得人们深思。看似小的东西有时却会成为巨大的阻碍，即使如此，人们仍然常常轻视它。事实上，当我们想要向最高远的目标迈进时，要注意的不仅是方向对不对、路线好不好，更要看看脚下有没有一块绊脚的石头。

每个人都在追求着成功，追求着卓越，而这条追求的漫漫长路最终能否走到尽头，就在于是否给予了每一件平凡小事以足够的注意力。"一不扫屋，何以扫天下"，不将眼前的每一件平凡小事做好，又何谈人生的高度和辉煌？

在生活中，人们常常忽略一些不起眼的小事，认为那些事不重要。这种轻视造成了人们的思维盲点。人们说生活不是计算题，不必精确到小数点，但有的时候，生活却比圆周率更加要求精确。一点火星没有控制好就可能引起火灾，一个角度选得好就可能照出最完美的照片，小事里蕴藏着大智慧，万万不可马虎。

据说长跑教练为学生们上第一堂课时，会对那些刚刚参加训练的孩子们说："你们要学的第一件事很简单，但不要小看它，如果做不好这一件事，你们就甭想赢得任何一场比赛，这件事就是——系鞋带。"有人将不拘小节当成一种优点，认为马虎一点的人更有真性情，但面对挑战，任何一种疏忽都可以成为失败的理由。不论是长跑选手的鞋带，还是乒乓球选手的球拍，不注意小的事物，总会遇到大的麻烦。

一家仪表公司的老板正在麦当劳餐厅用餐，他并不喜欢快餐，只在赶时间的时候才匆匆忙忙进来吃一个汉堡。但这个月，他已经三次走进同一家餐厅，原因是他在观察一个女孩。

老板并不是对这个女孩有意思，而是发现女孩对工作有着超出常人的热情。在她负责收银的时候，她既能麻利地完成工作，又能针对每一位客人的情况，做出推荐或提示。有一次她对一个正在咳嗽的人说："你在感冒，最好不要喝可乐，来一杯热饮怎么样？"能够这样关心顾客的员工已经很少见了，老板从那时起开始注意她。后来，他又发现女孩清扫地面、处理垃圾时也比其他人更加细心，她脸上总是带着让人舒服的笑容。

经过考虑，老板决定聘用这个女孩去自己的公司工作。他相信，业务能力可以培养，对工作的热情和做事的认真态度却是不好培养的。女孩果然如他所料，再小的一件事也会完成得细致周全，后来成了他的得力助手。

善于发现人才的仪表公司老板，在麦当劳餐厅用餐时，发现了一个对工作有超乎常人热情的女孩。别人是为薪水工作，只有她将简单的工作当作事业，细致入微地观察客人的每一个需要，这种精神让老板感叹。经过考虑，他聘用了这个女孩。他相信对平凡小事一丝不苟的人，同样也能做好大事，而那些对小事马马虎虎的人，总会在工作中出现大大小小的问题。

不要指望一步登天，想要成功，就要收回投得过高的目光，先从身边平凡的事情做起。只有将这些事做好，才能以此为基石，走向更高的地方。

让繁杂的心如莲花般绽放

"人"字一撇一捺够简单的了,而人却是最聪明又最复杂的动物,偏偏习惯把简单之事复杂化,把微小之事放大化,如此生活就会变得冗繁复杂、沉重忙乱。时下,不少都市人常抱怨工作累、生活累、活得累。单纯的工作累或者生活累其实只不过是一个说辞,心累,这才是实质。

人人都在追求高品质的生活,人人都想得到自己想要的东西,追求的目标越来越多,奔跑的速度越来越快,整天里忙碌着、奋斗着,"心"怎么会不累呢?

如果能换个心态,以轻松的心情来面对人生,把生活当成享受,把工作当成乐趣,人生也会美好很多。

一个年轻人觉得生活很沉重,便问智者:"生活为何如此沉重?"智者听罢,就随即给他一个篓子,让他背在肩上并指着前面一条沙砾路说:"你每走一步就捡一块石头将之放进去,最后体会到一下有什么感觉。"

年轻人背上篓子,一路不停地拾捡。走到路头,他就回过头来对智者说:"越来越沉重了!"

智者说:"这也就是你为什么感觉生活越来越沉重的原因。每个人来到这个世界上时,都会背着一个空篓子,然而我们每走一步都要从这世界上捡一样东西放进去，所以才有了越来越累的感觉。"

年轻人放下篓子，顿觉轻松愉悦。

与其抱怨世界复杂，不如心态简单点，把世界上一切复杂的纷扰都化"繁"为"简"，没有占有和控制人、物的负担，没有攫取金钱、财富、名利等的欲望，就像一个长途跋涉者，甩掉一个又一个沉重的包袱，你的心便会淡然，生命的路途是何等轻松快乐啊。

在职场中，我们常常感觉辛苦，反而回想学生时代觉得轻松幸福。但仔细想想，学生时代总是天不亮就起床，晚上写作业到深夜，还要承担考试升学的压力，其实并不比现在轻松。而我们之所以觉得学生时代快乐而工作辛苦，就是因为面对工作时我们给自己的背篓里放了太多石头。

工作也可以是一种乐趣，不要把赚钱、升职当成工作的唯一目的，学着享受达成工作目标而产生的单纯快乐，如此化繁为简，工作也就由生活的负担，变成了生活本身。

年轻的时候，玛丽比较贪心，什么都追求最好的，拼命地想抓住每一个机会。有一段时间，她手上同时拥有13个广播节目，每天忙得昏天黑地。事业愈做愈大，玛丽的压力也愈来愈大。到了后来，玛丽发觉拥有更多、更大不是乐趣，反而是一种沉重的负担。她的内心始终被一种强烈的不安全感笼罩着。

一天，玛丽意识到自己再也忍受不了这种生活了，用这么多乱七八糟的事情来将自己清醒的每一分钟都塞得满满的，简直就是对自己的一种折磨。也就是在这个时候，她终于作出了一个决定——开始摒弃那些无谓的忙碌，让生活变得简单一点，只有这样才能活出自我来。为此，她着手开始列出一个清单，她把需要从她的工作中删除的事情都排列出来，然后采取了一系列"大胆的"行动，取消了一大部分不是必要的电话预约，大大减少了工作的目的性和强度。

就这样，通过改变自己的日常生活与工作习惯，通过去除烦躁与复杂，玛丽感觉到自己不再那么忙碌了，还有了更多的时间陪家人，有了更多的思考时间。因为睡眠时间充足，心态变轻松了，她的工作效率得到了很大的提高，身心状况也变得好了很多。而且她每天都会有快乐和愉悦的心情，乏味的平淡生活得到了点缀。

工作的目的本是为了保障我们的生活所需，让我们拥有更好的生活，但如果本末倒置，因工作抛弃了生活，那么不仅从工作中体会不到丝毫乐趣，连生活也复杂而艰辛起来。

确实，生活原本是简单的，当一个人在生活上的需要简化到最低限度时，就会少些患得患失，多些从容淡定，心神更加安详，因此，也就能够全身心投入到生活中，体验生命的激情和至高境界，获得极为丰富多彩的人生。这正如一位哲人所言："生命如果以一种简单的方式来经历，连上帝都会忌妒。"

"菩提本无树，明镜亦非台。本来无一物，何处惹尘埃。"放下对于功名利禄的过分追求，单纯地享受目标在工作中达成的乐趣，将生活化"繁"为"简"，用纯粹的心体味生活，简简单单地存在，势必能够在繁乱都市中收获一颗如莲素心，终究体会到自身生命的精彩，感受到生活的意义。

用心思索，用心感受

  法国雕塑家罗丹有一个著名作品《思想者》，艺术家用青铜塑造出一个成熟、刚健、内敛的男性，用手托住腮，眉头紧锁，垂下头颅，四肢弯曲，似乎被什么未知的压力所压迫着。但是，人们看到的并不是一个被难题压垮的人，而是一种内在能量的聚集。男人在思考，思考的同时，他的表情，他的四肢，都在为某种思想聚拢着，都在展示着一种力量。这种力量，就是思考的力量，是人在面对难题与困境时自然而然产生的力量。

  思考能为人带来智慧，带来改变命运的力量。但是，越来越多的人忽视思考，甚至把思考当作空想，认为思考不如做事。他们武断地把行动和思考对立起来，导致行动没有计划，目的混乱，没有持续的能力。即使如此，他们也不认为是思维方式出了问题。

  没有思考的行动常常是鲁莽的、失败的，没有慎重的思考，就考虑不到可能遇见的问题，更想不到解决问题的办法。凡事凭直觉、凭意气，那么做任何事都像是拿着自己的筹码赌博，赢面可能占不到一成。

  没有思考的头脑和心灵都是贫瘠的，因为太过缺乏条理，缺乏归纳和举一反三的能力，缺乏包容性和承受力。于是，遇到困难的时候，头脑是僵硬的，心灵是恐惧的；遇到顺境的时候，头脑总算有了短暂的休息期，却想不到如何维持这个境遇，心灵是得意的，却不知警醒自己不要被胜利冲昏头脑；

更多的时候，头脑是空的，心灵也是空的，因为里面没有多少内容，不会去想，也就没有多少情感和计划。

有头脑却闲置不用，不但是一种浪费，还是对个人生活的放弃，放弃了改变的机会，放弃了进步的机会。很多人对思考这件事也存在很多误解。有人认为思考是一件枯燥的事。一想到"思想家"，脑海中自然浮现出大胡子、白袍子、老得快走不动路的老人，他们喜欢侃侃而谈，只说不做，或者说的话谁也听不懂，也许连他们自己都不懂。

两个皮鞋推销员分属不同公司，一日，他们来到太平洋的一个岛屿上，岛上居民不少，但因为气候常年炎热，根本没有人穿鞋子，所有居民都光着脚板走路。

看到这番情景，一个推销员唉声叹气，给公司打电话说："马上派直升机或者船只来接我吧，情况糟透了，这么大的一个岛，竟然没一个人穿鞋！"他挂断电话，想到这次白来一趟，耽误时间不说，还影响奖金，不禁大叹晦气。

另一个推销员不动声色，等到前一个推销员被接走，他才给公司打电话，兴奋地说："我们撞大运了！这么大的一个岛，竟然没有一个人穿鞋！更妙的是，对手公司的那个推销员已经走掉了，我们完全有可能独占这个庞大的市场！"

思考的意义在于有所创见。解决难题，甚至解决别人无法解决的难题，就是思考的乐趣所在。回想起学生时代，靠自己的脑子解出一道数学题的心情，其实没什么不一样。不一样的是当时有老师、有考试时间、有升学压力逼迫着你，让你不得不去思考解题。如今，压力没有了，没有人逼你，你可以选择绞尽脑汁，也可以选择不理不睬。

对善于思考的人来说，世界上没有难题，只有尚未解决的问题。因为没有思考的习惯，明明做事更麻利，手脚更快，能力更高，却凡事都让那些有点子的人抢了先。这个时候，你还能否认思考的重要性吗？

思考是一切成功的起点，在选择之前、在行动之前、在解决问题之前，要在头脑里形成方法、计划和步骤，让每一件事都有条理，都有重点，都能在开始的时候大概预知到结局，唯有如此，才能抓住过程中转瞬即逝的运气，才能不断为自己创造机会，获取更大的成功。

雕在纽扣上的花

工作没有大小之分。"事无巨细，唯有用心"的态度是绝对不能少的。民国时期，大书法家于右任写了一张"不可随处小便"的字条贴于公厕。有一个人仰慕于右任的书法，就偷走了字条，将字裁开，重新排序，变成了一句格言："小处不可随便。"姑且不论这个人的做法是否光明正大，但这句话表达了深刻的道理：世上无小事，人间无细节。

鲁迅先生曾针对小事情说过这样一段精辟的话："巨大的建筑，总是由一木一石叠起来的，我们何妨做做这一木一石呢？我时常做些零碎的事，就是为此。"从鲁迅的话中，我们可以深刻地体会到做好小事情的重要性。

工作中的细节，看起来微不足道，但实际上很多时候，工作中的关键点就在于细节上。细节处理好了，那么工作中的很多困难很可能会迎刃而解，工作质量会得到巨大的提升；处理不好，就会给自己制造各种障碍，工作起来就会比较吃力，原有的优势条件也会变成劣势条件，就可能导致无法估量、无可挽回的不良后果。

罗斯是一家广告公司的文员。一次，给客户制作宣传广告页时，她一不小心将客户联系电话中的一个数字弄错了。直到宣传页制作完成时，公司才有人发现了这个关键性的错误。明天中午客户就要来公司取这批宣传页了，怎么办？

发生一次错误，就意味着有可能失去一个客户，部门经理立即召集全体相关工作人员，宣布放下手头的工作，迅速重做这批宣传页。他们加班加点，费了九牛二虎之力，终于在第二天中午重做了一份。

虽然公司赶在客户之前及时发现了这个错误，没有给公司名誉造成较大的坏影响。但是，为了弥补这个错误，公司再一次地投入了人力、物力、财力等，事后罗斯不仅没有领到本月工资，还惨遭公司开除。

我们周围有很多这样的情况发生，对工作的环节始终把握不到位、"熟不生巧"的人比比皆是。为什么会出现这种状况呢？一个很重要的原因是，他们对工作中的细节的忽视，做起事来敷衍了事，每件事仅仅了解一个大概就满足了。

一个员工即使在自己的岗位上工作了很多年，无论你有多高的能力，如果他不热爱工作，不注意工作的细节，就算他能拿到薪水，也无法从细节中汲取经验，那么，长此以往，他最终难以取得大的成就，甚至将会一无所获。

要知道，一项大任务是由很多小事情组成的，很多的小事汇集在一起就是一件大工作。在环环相扣的工作中，一处似乎可有可无、毫不起眼的细节，往往决定着工作的进展状况。细节做得不到位，设计得再巧妙也无济于事；细节做得不过关，再宏伟的建筑也是一个伪劣工程。所以，热爱一项工作，要从细节开始。

古语曰："不积跬步，无以至千里；不积小流，无以成江海。"工作上任何耀眼的成功都是从一点一滴，甚至是细小入微的地方积累出来的。把每一个细节做好就是不简单，把每一件平凡的工作做好就是不平凡。

热爱工作，我们才会对工作有足够多的重视。在岗位上关注每一个细节，熟悉每一个细节，才能提高工作质量，做到真正掌握自己所做的工作，然后才可能以自己的岗位为基础，创造出一番新的成就来。难怪美国的石油大亨约翰·洛克菲勒曾经说过："听到大家夸一个年轻人前途无量时，我总要问，他从工作细节中学到东西了没有？"

泰国的东方饭店是亚洲一个有名的高档饭店，饭店的客人来自于亚洲和西方很多发达国家，想要住在这家饭店并不是一件容易的事，经常要提前一个月预订才行。饭店的成功很大程度上来源于经营者对细节的追求。

一位王老板有一次去泰国做生意就住在东方饭店，饭店的服务让他很是满意，给他留下了很好的印象。因此，当他第二次来泰国时又住进了东方饭店。

早晨醒来，王老板打算去餐厅吃早餐。当他一出房间，早已站在门口的服务生就恭敬地问道："王先生要用早餐吗？"这个举动让王老板很惊讶，他昨天晚上才刚刚住进这个饭店，怎么服务生第二天就知道他姓什么呢？

原来饭店有这样一项规定，凡是当天入住饭店的顾客，服务生必须在晚上背熟客人的名字。当王老板进入餐厅时，服务小姐微笑着问他："王先生还要老位子吗？"这次王老板更惊讶了，因为距离上次他来东方饭店已经一年多了。服务小姐的记忆力会这么好吗？竟然还记得他上次吃饭时坐的位子。

原来客人在就餐时的座位都记录在饭店的电脑里了。在王老板进入餐厅时，服务小姐已经快速地查阅了电脑记录。当王老板坐下准备点餐时，服务小姐又问道："还要老菜单吗？"这次王老板已经不再惊讶了，他非常高兴地说："老菜单，就要老菜单！"

上餐时，餐厅赠送了王老板一碟小菜，王老板以为是菜上错了，就问："这是什么？"服务生先退后一步，然后告诉王老板这是餐厅送的小菜。之所以要退后一步，他是怕自己说话时口水不小心落在客人的食物上。

在其他饭店只是达到一般的服务水平时，东方饭店进一步挖掘，追求完美，抓住许多别人未在意的不起眼的细节，坚持不懈地把周到的服务延伸到方方面面，因此吸引了来自全球各地的客人慕名来到东方饭店。

细节决定成败，有些人虽然努力过、牺牲过，但是粗心大意最终成为了他们的墓志铭。做事一定要动脑子，将工作中的细节把握透彻，做事的时候知道轻重缓急，不断提高工作效率，就能达到事半功倍的效果。

值得一提的是，工作中的一件小事、一个细节完全可以衡量一个人的工作态度。老板评定一名员工是否具有工作的责任感，不仅仅看他处理重要工作的态度和能力，更会注意这名员工在处理微不足道的小事、细节中的言行。

所以，不管你有多高的学历，无论你的工作经验有多丰富，你都要关心工作，关心细节。有些时候细节只要做到位了，那么事情也就做成功了，我们也就能快速成长起来，也就能在职场中独当一面。

经营好自己的身体

有这样一句话:"即便你赚得了全世界,如果赔上了自己的生命,那又有什么意义?"的确,身体是革命的本钱。如果不珍爱自己的身体,我们靠什么去生活呢?即使一生的奋斗让我们拥有了更大的房子、更豪华的汽车、付得起去世界任何地方旅游的费用,但我们的身体却只能躺在病床上和药品针管为伴,那所有的一切物质又有什么意义呢?

健康不是一种运气,而是一种责任,是我们对自己的责任。

时至今日,还有许多年轻人认为,年轻力壮时就该忙点、累点,努力工作,很少关注自己的身体状况。但小病经常化、大病年轻化的种种趋势,已让人们一次又一次地得到警示:健康,是我们人生最宝贵的资产,也是最根本的利益,应要重点去经营。

健康投资是指投入资源获取健康收益,而健康收益就是减慢衰老的过程。那些英年早逝的企业高管和才华横溢的知识分子就充分说明了:如果一个人不重视健康管理,那么他将会在"不该离开"的年龄去世。

没有对健康的良好管理,那么再多的金钱都将变得毫无意义。钱为人服务,还是人为钱服务,这是一个问题,一个众人皆知却仍须时时自省的问题。

关注健康就需要关注"健康信息、健康食品、健康心态和健康选择"。投资健康是为获得医疗保健知识、预防疾病、保持健康体魄的付出,如同经营活动一样，投资健康的关键，在于观念的更新、方法的适用，其精髓便是"健康在我心中"。这样才能够更好地维持健康，提高我们的生命质量。如果仅仅依靠专家，或是过分依赖保健品，还是远远不够的。真想让自己拥有健康，只能靠自己。

健康是一个不能透支的户头，只有不断追加投资，才能保证它不会"破产"。事实上，健康是可以经营的，老板就是自己。世界卫生组织称，影响健康的因素中自我保健占60%的比重。

一位大客户来找市场部经理杰森谈生意，却被杰森先生的助理汤姆拦住了。汤姆抱歉地说道："实在不好意思，我们经理去马尔代夫度假了，大概要去五天，你还是五天后再来吧。"一句话把客户说得目瞪口呆，她眼睛睁得老大，皱着眉头质问道："他疯了吗？扔下这么大的生意不管，竟然去度那么长的假。"

"经理每个月都会给自己五天假期，经理走之前，特意交代我，这五天中不要因为工作上的事打扰他。"助理毕恭毕敬地回答。客户急着追问："那么，我给他打电话可以吗？"

助理无奈地将电话号码给了那位客户。接通电话后，杰森拒绝谈工作上的事。客户立刻发起了脾气："你工作一个小时可以挣50欧元，一天工作8个小时可以赚400欧元，五天就是2000欧元。你放着2000欧元不赚，竟然去度假，你不觉得这很可笑吗？"

杰森言简意赅地回答："我如果不去度假而去工作，确实可以多赚2000欧元，但我的寿命和健康会因此受到影响。这些年来，工作让我患上了很严重的偏头疼和胃病，我为生病而花掉的钱已经有几十个2000欧元了。你说，我是该回去工作呢还是休息?"那位客户无法再计算,一时哑口无言。

别以为休息会影响工作,就算或多或少会有些影响,但与维护身心健康比起来,工作就显得不是那么重要了。如果为了工作而让自己每天生活在重压下,身心疲惫,叫苦不迭,那么工作就失去了它原本的意义。

被工作压力包围着的人,很多不能把工作和生活分开。在工作时,他们会想着休息,在休息时他们又会想着工作,最后什么都做不好,把自己弄得很累。有一天,当他们分清楚"工作是工作,休息是休息"时,他们的压力也就自动卸下来了。

金钱只是身外之物,地位与荣誉也并非永恒,唯一属于我们自己的只有健康。无知是谋杀健康的凶手,无备是危害健康的隐患。只有把"1"这个排头兵带好,后面无数"0"的队伍才会整齐有序。

改变，就在不经意间

每天的太阳都是新的。而我们却常常陷在周而复始的疲倦中，对工作产生出厌倦和憎恶之情。

的确，人生中的绝大部分时间都是在做着类似的事情，我们跳不出季节轮转，改变不了日升月沉，我们的生活似乎就在上班下班、一日三餐之间轮回。但是我们却可以在每一天给自己订立一个崭新的目标，而让生活因此有所不同。

对待工作，我们常常认为忠实可靠、尽职尽责地完成分配的任务就可以了，一个抱有"我必须为别人做什么"这样想法的员工已经可以算得上是合格的了。但实际上，若不甘于以往平淡无奇、得过且过的成绩的话，就应该再做一些除了本职工作以外的额外事情。转变一种态度，时常想想"我今天可以多做一点什么"，不仅能让我们把事情做得更好，还能在此过程中培养自身的能力，进而得到改变与提升。

"每天多做一点"，便是给了新的一天以崭新的目标，与四周那些尚未养成这种习惯的人相比，我们就已经具有了优势。这种习惯在今后无论从事何种行业的情况下，都会有更多的人指名道姓地要求我们为之提供服务。卡洛·道尼斯的升迁就是一个非常好的证明。

卡洛·道尼斯最初为杜兰特先生工作时，他的职务很低，而在不到一年的时间里他就已经成为杜兰特先生的左膀右臂，担任其下属一家公司的总裁。他之所以能如此快速地升迁，秘密就在于"每天多做一点儿"。就像卡洛·道尼斯所说：

"在为杜兰特先生工作之初，我就注意到，每天下班后，所有的人都回家了，而杜兰特先生仍然会留在办公室里继续工作到很晚。因此，我决定下班后也留在办公室里。是的，的确没有人要求我这样做，但我认为自己应该留下来，在需要时为杜兰特先生提供一些帮助。"

"工作时杜兰特先生经常找文件、打印材料，最初这些工作都是他自己亲自来做。很快，他就发现我随时在等待他的召唤，并且逐渐养成招呼我的习惯……"

杜兰特先生之所以习惯了召唤道尼斯，是因为道尼斯自动留在办公室，使杜兰特先生随时可以看到他，并且提供诚心诚意的服务。这样做并没有获得额外的报酬，但却给道尼斯赢得了更多的机会，让老板更加关注自己，最终获得了提升。这里的"一盎司忠诚"，就相当于"一磅智慧"。

的确，我们没有义务一定要做自己职责范围以外的事，但这也正是我们能否发生飞跃的关键所在。做得越多，以此鞭策自己快速前进的动力就越大，离成功的目的地也就越近。率先、主动是一种极为珍贵的素养，它能让我们变得更加敏捷、更加积极。即使是一名普通的仓库管理员，也可以在管理清单上发现一个与自己职责无关的未被发现的错误；哪怕是一名邮差，除了保证信件及时准确地到达，也还可以做一些并非是我们所负责的事情。每一次多做的行动，就等于播下了一颗成功的种子。

每天给自己订立一个分配的工作份额之外的目标，如此，不仅让自己的生活有了生机，也让自己的工作成果大为改善。

获得成功的秘密就在于不遗余力地每天多达成那么一个新的目标。一个小小的新目标会使我们极尽所能地发挥自身的天赋。这微不足道的区别，会让现在所做的工作与以往大不一样。每天多做一点，初衷也许并非为了获得报酬，但往往获得更多。

50年后的今天，他已经是一名富甲一方的商人。而在回忆当初发家时所"意外"获得的那份工作，商人仍然记忆犹新：

"50年前，我开始踏入社会谋生，在一家五金店找到了一份工作，每年才挣75美元。有一天，一位顾客买了一大批货物，以备结婚所用。"

"我只是五金店的销售店员，送货并不是我的职责。然而，看着堆放了满满一车的货物时，我发自内心地想帮那位顾客送回家。"

"这车货物让骡子拉起来都有些吃力，而在途中还不小心陷进了一个不深不浅的泥潭里，纵使我百般使劲也无法推动。这时，一位善良的商人驾着马车路过，用他的马车拖起了我的独轮货物车，并且帮我将货物送到顾客家里。"

"在向顾客交付货物时，我仔细清点了货物的数目，一直到很晚才推着空车艰难地返回商店。我为自己的所作所为感到高兴，但老板却并没有因我的额外工作而称赞我。第二天，在路上遇到的那位商人将我叫去，称赞了我努力而热情的工作态度，尤其注意到我卸货时清点物品数目的细心和专注。因此，他愿意为我提供一个年薪500美元的职位。我接受了这份工作，并且从此走上了成功之路。"

尽职尽责完成工作的，最多只能算是称职；如果每天在自己的工作中再多加一个目标,就有可能成为优秀。付出比别人更多的努力,就有可能获得比他人更进一步的成功。

付出多少,得到多少;付出越多,离成功越近,这是一个众所周知的因果法则。也许,一时的投入无法立刻得到相应的回报,但这也不应成为我们就此气馁的理由。一如既往地每天多达成一个目标,改变就会在不经意间发生,收获就会以出人意料的方式显现。

为目标全力以赴

鲤鱼跳龙门的故事,我们每个人自小都耳熟能详。然而这个故事背后蕴藏的精神,却不是每个人都轻易可以践行得了。

每个人都渴望成功,每个人都渴望成为人中龙凤。若想要达到目标,就要付出几倍的努力。而在跃"龙门"的过程中,都会经历重重阻碍,都难免遇到困难挫折。人生遇到瓶颈时,只有全力以赴、专注目标才能更上一层楼,如果缺乏了这股韧劲,就只能止步于困难之前,一事无成。

我们的生活常常面对各种挑战——不熟悉的工作、压力极大的任务。这些很容易让我们产生焦虑和疲倦感。但有句话说得好:"人生就像拔萝卜,当这次你觉得特别吃力时,也许是因为这次的收获特别大。"所以,面对压力时别轻易放弃,要能够全力以赴,专注目标,直把南墙撞倒,才能收获全新的天地。

一个人如果有目标，那么全世界都会为他让路。坚定目标，全力以赴，任何苦难都是为我们实现目标服务的，相信自己，我们才能朝着目标的方向一路向前。

游牧民族的孩子从小就要学习牧羊和打猎，看到丰茂的森林草地，全族的青壮年男子就要冲进去寻找猎物，一个孩子刚刚学会骑马，在叔叔的带领下学习打猎，想要一展身手。

小孩子爱玩，心态又浮躁，看到兔子就想追兔子。正在追兔子，旁边蹿出一只鹿，他又想追那只肥大的鹿，这时一只野鸡从头上飞过去，他又想拈弓搭箭打下野鸡，孩子就这样看到什么想打下什么，打不到一个，回头想找一开始看到的那个，动物们早跑没影了。忙了一天，他两手空空。

叔叔告诉他说："我第一次打猎和你一样，看见什么想打什么，其实一次只能射一箭，得到一只猎物就是收获，为什么要贪心？只有戒掉这个毛病，你才能成为一个优秀的猎手。"

孩子初学打猎难免三心二意，什么都想抓的结果是什么都没追到，白白浪费力气。长辈以自身经验告诫孩子，想要做一个优秀的猎手，先要学会不贪心，一心一意地抓紧眼前的目标。打猎如此，做任何事也是一样，目标一旦堆积，就会造成视觉上和心理上的双重障碍，只有头脑清醒的人才会从一开始就盯准一个，抓到手再着手下一个。

大千世界，机会无处不在，如果不能认定一个，而是四面出击，不论是精力还是头脑都会不够用。

要认定目标，还要全力以赴，有鲤鱼跳龙门的精神，绝不能半途而废。

有一个年轻人，出身贫寒。他决定去外面的世界看一看。但闯荡一年后，他毫无收获，一事无成。机缘巧合之下，他认识了一个名叫荷顿的人。两个人合伙开了一家布店，生意还不错。

不久后，他与荷顿的妹妹相爱，两个人不顾荷顿的反对而结婚了。婚后不久，他决定自立门户，改变荷顿对自己的看法，一定要做出点成就来证明自己不是一事无成的人。

他瞄准了当时的热门商品——服装。于是，他开了一家布店，但还是以关门告终。失意的他加入了淘金的大部队，去外地寻找发财的机会。但不尽如人意，他非但没有淘到金，还差点送了命。

他在淘金时，发现一种平底锅很好卖，他就大量购进，并以低价格出售。淘金者们蜂拥而至，他终于赚到了一笔钱。

一年后，他回到原来的城市，继续开布店。这次，他用了很多营销手段：做广告，按季节推出新式热门货，增加商品种类等。但天意弄人，他还是失败了，把全部家当都赔了进去。

就在他茫然无助的时候，一直看不起他的荷顿主动找上门来，要和他合伙做生意。他很惊讶，荷顿说："我以前认为你没有本事，但我没想到你这么输得起，失败过这么多次，还是如此有毅力，在商场折腾这么多年。根据我的经验，一个输得起的人，一定会成功。这就是我希望跟你合作的原因。资金由我来出，你只要出力就行。"

听到这番话，他豁然开朗，再次恢复了自信。他说，想到大城市去做大生意，办一家最大最好的商店。荷顿欣然同意。不久，他们的第一家百货商店开业了。10年之后，他们的百货公司几乎占了半条街，这就是世界上最大的百货公司之一——梅西百货公司，而这个输得起的年轻人就是梅西。

在做生意上，梅西失败了无数次才有了最后的成功。如果他不是认定目标全力以赴，挺过一次次的失败，那么他就不过是一个尝过创业，却以失败告终的无名小辈。

生活中我们常常听到有人说："我试过了。"但是是否尝试过就足够了？远远不是。如果梅西在卖衣服失败后就说"我已经尝试过了"而不再继续努力，如果他在淘金失败后就说"我尝试过不止一次了"而放弃希望，如果他在开布店失败时就说"我已尽了最大努力"，那么梅西的神话永远不会成真。

人生追求成功的过程就像打井。有的人打了99口井，还没有发现泉水，就自己放弃了，那么之前所有的努力也就功亏一篑，而有的人不懈地坚持下去，最终获得人生的甘泉。

带着阳光上路

真正改变我们生活、使我们走向成功的办法,就是"不仅嘴上不抱怨,心里也不抱怨,进而彻底忘掉抱怨"。

很多人都会羡慕别人有一副乐观积极的生活态度。以工作为例,有些人每天都是风风火火,只要他们一进办公室,就总能够像太阳一样散发出光芒和热量,他们是团队中不可或缺的重要人物,为企业创造了很大的收益。更重要的是,不管有什么样的任务落到他们身上,他们都不会抱怨,总是积极地迎接挑战。

每每看到这样的人,一些爱抱怨者便心生感慨:"真是佩服他们,我就不行,我没有他们那坚强的毅力,也不能保持那种旺盛的精力……""他们这么做就是想出风头,每天摆出一副笑脸讨好所有人,太虚伪了……""我看他们心里肯定也有很多不满,只是不说出来罢了……"

其实,如果那些乐观的人心中真的怀有抱怨,他们是很难"装出"平静愉快的样子的,因为伪装的东西不可能长久,迟早会露出破绽。他们与抱怨者不同的地方就在于,他们已经将所有的负面心态、恶性心理暗示等有损自己身心健康的东西,从自己的思想中"清除"掉了。真正改变生活的,并令我们走向成功的人,并不是放弃嘴上的抱怨,而是彻底地忘掉抱怨。

也许你会说:"这根本不可能,我现在的处境实在太糟糕了,工作中一堆的倒霉事等着我解决呢……"现在，请先不要说你遇到的事情多么糟糕，等看完下面这个真实的故事，你再去想自己的问题。

英格莱特出生在美国印第安纳州。十年前，他患上了猩红热。当他康复之后，却发现自己又患上了肾脏病。他找过许多医生，但都没能医治好他的病。

更糟糕的是，几年之后他又得了另一种并发症，当时他的血压已经到了214的最高点，医生宣布他已经没救了，最好马上料理后事。他回到家后，付过所有的保险，并向上帝忏悔过去所犯下的种种错误，然后坐下来默默沉思。那一个星期的时间，他一直都在自怨自艾。可是，想到自己将不久于人世，还有那么多事情没有做，他突然间又想开了，他对自己说："你简直就像个大傻瓜，趁着自己还活着的时候为什么不快乐一点呢？"

自那以后，他每天都挺起胸膛，面带微笑地对待所有人，让自己表现出好像一切都很正常的样子。他"装"得很费劲，但他强迫自己很开心、很高兴。因为他知道，这样不仅能让自己的家人好过，对自己也有很大帮助。

很快，他感觉自己好过了。这种改进还在继续，他不仅很快乐，也很健康，活得好好的，而且血压也慢慢地降了下来。

后来，他对别人说："如果我总是想自己会死、会垮掉的话，那么医生的预言很快就能实现。可是，我必须得给自己的身体一个自行恢复的机会，别的什么都没有用，除了改变我的心情。"

快乐和勇气甚至能够战胜绝症，更何况我们工作中那些小小的困难与不适呢？既然如此，我们又为什么还为一些工作中小小的麻烦而难过，抱怨不停呢？每个人的内心都隐藏着一个无比强大的"勇士"，只不过爱抱怨的习惯让这位"勇士"沉睡了。

至此，你可能还是不太相信，你的心里也有一个能量无穷的勇士，甚至你还在认为自己是愚笨的、懦弱的，工作中的很多事情都无法得心应手地处理好。有时候，虽然你不情愿，但还是忍不住去发脾气，抱怨，向同事大倒苦水。事后，你可能又会感到后悔，恨自己不该说话不经过大脑。当下定决心"痛改前非"之后，当烦恼再次袭来之时，你还是控制不住自己的情绪和习惯，重蹈覆辙……然后你会烦躁地说："我不知道该怎么样做，才能成为一个不抱怨的人。"

其实，想要做个不抱怨的强者并不困难，当我们对外部环境无能为力的时候，要积极培养自我的心灵自由，将自我引向积极和美好的一面，要始终在内心积聚力量，等待时机，最终为自己迎来好的外在环境。生活和工作总是这个样子，总去想美好的事情，你就会找到快乐，走向成功；一直沉浸于失意的事情之中，就会走向失望的深渊，无力面对生活，无力面对失败。如果你尝试保持一种阳光心态，事情就会向好的一面发展，你也会更加自信，更加有勇气。即便遇到麻烦，你也会勇敢地说："这没什么大不了！"自然，这种勇气会让你轻而易举地将事情解决！

总之，一定要记住，你有选择的权利，也有选择的力量。你选择了快乐和幸福，你的潜意识就会接受，并使你成为这样的人。不要让自己的思维停留在自己的"不幸"上面，要努力考虑解决问题的办法。不管是嘴里的抱怨，还是心里那些"没有说出来的抱怨"，用心中那叫作"乐观"的勇士把它们统统赶走，这样你就会是一个快乐而成功的人。

第七章

错过花开一季,守得细水长流

爱情是一双鞋。不论什么鞋，最重要的是合脚；不论什么样的姻缘，最美妙的是和谐。切莫只贪图鞋的华贵，而委屈了自己的脚。

错过，好于过错

　　世间最甜蜜的一种感情就是爱情，每个人的心底都有一段刻骨铭心的爱，然而并不是每一段爱情都能获得美好的结果。当一份昔日惊天动地的爱情最终走向终结，我们常常陷入痛苦中不能自拔，总担心这一次的错过就错过了一生的幸福，非要经过漫长时间的抚慰或是最终遇到对的那个人，心中的伤痛才能抚平。

　　其实，错过未必就是一件坏事，错过眼前的轰轰烈烈、花开一季，是为了遇到最终那个可以守得细水长流的人。因此，当一份爱情凋零的时候，就勇敢放手。要知道，错过，总好过让一段感情变成一生的过错。

　　美国的一名伐木工每天都会独自开车到深山里面去伐木。

　　然而，有一天，灾难突然降临了。他用电锯锯断的大树倒下的时候，碰到了对面另一棵树而被弹了回来，结果把伐木工压在了底下。顿时，伐木工的右腿就流血不止。他疼得眼前发黑，但是坚强的求生意志让伐木工迅速冷静了下来，他开始思考脱身的办法。

　　这个地方，周围几十公里都无人居住，平日很少有人到这里来，如果自己被动地躺在这里等待救助，恐怕还没等到人来，自己就已经因失血过多而死去了。

树干太重了，伐木工的右腿腿骨已经被彻底压碎，不管他怎么用力推，树干就是纹丝不动。伐木工明白自己只有一条路可走了，那就是用电锯锯断自己那条被压住的右腿，然后爬到汽车上，开车去最近的医院。

伐木工没有麻药让自己减少疼痛，也没有任何止血的药品。在锯腿的过程中，他忍受着剧烈的疼痛，几乎痛得昏厥了过去。

可是，为了救自己，他还是坚强地挺了过来，毅然地锯下了自己被压住的右腿。在开车去医院的途中，他一直控制住自己，不让自己在路途中晕倒。直到被医生送到担架上，他才终于晕了过去。伐木工锯腿自救的经历很快就在当地广为传诵，电视台把他的经历做成一期节目在电视上播出。这个节目一播出就产生了强烈的反响，人们都被他锯腿求生的精神所折服。

有时候放弃是一种痛，但只有放弃了，你才能获得新生。对于爱情更是如此，如果旧恋情已经结束，那就果断地放弃，如果过分地迷恋，你将永远无法获得幸福。

在结束前一段恋情后，一定要整理一下自己，彻底放下那已经失去的，否则即使开始一段新的恋情，你也会对那个旧爱念念不忘，对于现在的恋人来说是很不公平的。而且在你反复比较新旧恋人的过程中，往往会产生一些忌妒、愤怒，甚至自卑等消极情绪，对现在的恋情以及你的未来都会造成致命威胁。

有人说："爱情是什么，全世界都在找，从来没有人看到过。"没有人能够说清楚爱情究竟是什么，付出过真心的都是爱，即使结局不理想，回想起来依然有怀念的感觉。但过去就是过去，就像面对一个堆满太多东西的房间，总要扔掉不重要的东西，腾出空间安放更好的。比起最珍贵的东西，过去太远。当以一颗成熟的心回首往事,细细盘点我们失去的究竟是什么,当然有那些属于青春的纯真稚嫩,也有属于过去的遗憾挫折,就像李商隐写的诗句:"此情可待成追忆,只是当时已惘然。"当一切过去,我们能够把握的只有一份回忆,所以才更要珍惜当下,珍惜每一个"当时"。

　　生活就像一本书,你永远不知道下一页写着什么,也不知道明天会遇到什么,所以不能停止翻书的动作,一页看完,就要看下一页。如果仅仅盯着其中的一页,你的生命只能到此为止,不会有更多的惊喜。人们常说自己遇到了最糟的事情或最好的事情,其实他们只是在和过去比,对比长长的未来,他们也许会遇到更糟的或更好的。人生有喜有悲,不去体会才是最大的遗憾。

　　佳佳就要结婚了,她在娘家整理自己过去的东西,有些要扔掉,有些要留在娘家,有些要带到新家去。这时,她发现一本上锁的日记。佳佳清楚地记得,这本厚厚的日记是她在高三到大三阶段写下的,里边记录了她从前的两段感情。在和第二个男朋友分手后,佳佳将日记锁了起来,扔进储物室。她没想过有一天自己会用平静的心情重新翻开这本日记。

　　当她看到日记本上写着"我知道我今后再也不能遇到这样的爱情"、"我不会再为任何人付出我的感情"、"我不会再为什么事如此难过了"等句子,她仔细回想,那究竟是什么样的爱情、什么样的人,又是什么样的难过,她想到的只是一些模糊的回忆。她知道,过去的爱情比不上现在的幸福,就像一首歌唱的:"原来爱曾给我美丽心情,像一帘深邃的风景,那曾爱过他却受伤的心,丰富了人生的记忆。"

　　每个喜欢写日记的人大概都有和佳佳一样的经历,时过境迁,翻开从前的日记本,发现当时认真写下的话都很傻,过去曾经伤心的事,现在看来是那样微不足道。过去以为一生只有一次的爱情,现在看来只是年轻时的一时心动。她再也没有从前的激动,取而代之的是平静与感恩,对那些模糊的记忆,也对曾经天真的自己。

除了死亡,我们不能停下人生的脚步,既然向前看,有些东西就要丢弃,有些感觉只能怀念。时间就像河流冲洗掉心灵的沙粒,能够留下的都是宝贵的纯金。不要说别人在变,其实你也在变,不论是价值观还是爱情观,都会在最初的基础上越来越成熟。最初的不一定是最好的,错过的又怎么能肯定是对的?不必问今后还能不能碰到这样好的人,也不用想明天有没有这样的感觉,让自己和他人自由,人生有四季,你错过的只是一个春天。

错爱结束,真爱才会到来

有一首歌叫《不是每段恋情都有美好回忆》。的确,一个人对爱情的渴求是与生俱来的,然而爱一个人的能力却是在成长中慢慢学习获得的。能将初恋坚持到最后的人实在少之又少,绝大部分人都经历过在错的时间遇到对的人的无奈和错误。

对待这样的情殇,很多人都沉溺在痛苦和悔恨之中,甚至影响了未来的生活,其实,只要调整心态,将这些错误的感情看成人生中一段美丽的插曲,为这些错误加一个美丽的注脚,继续好好生活,将来回忆起青涩岁月,心中也会酿出美好。

　　小月和初恋情人小卫是高中时的同学，两个人从被家长和老师想方设法铲除的早恋开始，一起考上名牌大学使恋情从地下转为地上，一起留在北京找了工作进入谈婚论嫁阶段，这期间两个人风风雨雨地走过了整整7年时光。

　　就在小月沉浸在对结婚的憧憬中时，小卫突然提出分手。而分手的原因是小卫爱上了别人。

　　小月怎么也没法接受这个现实，她不能想象，和自己相爱相伴了7年的恋人竟然能这样绝情，说变就变。小月哭着跑去小卫的公司找他，给小卫的父母打电话，还整夜地站在小卫的楼下就为了见他一面。然而小卫始终避而不见。

　　小月绝望了，她在过去7年中关于人生的所有目标和规划都是建立在自己和小卫在一起的基础上的。小卫的离开，让她觉得没有活下去的理由。于是小月服安眠药自杀，所幸发现得早，被救了回来。

　　经历了生死的考验之后，小月不再去想小卫，而是一心专注于自己的工作、生活。她开始健身，也时常买一些礼物送给自己。时间长了，她发现自己已经不在乎小卫背叛了。她还重新遇到了一个和自己相知相爱的人。如今的小月有一个幸福的家庭，也已经是一个孩子的母亲。当她想起自己的过去时，她几乎不能相信自己曾为小卫选择轻生。那时候绝望地以为生活不会再幸福，现在回头，才发现不过是人生中一个小小的插曲而已。

　　小月最初一味坚持那份已经结束的错误感情，几乎放弃了自己的未来。然而，当她经历了一场生死，重新回到生活的正轨，多年之后，再回望昔日的深创剧痛，才发现原来那竟只是人生这卷漫漫长书中一个小小的注脚。

面对爱情，很多人不明白什么是残缺、什么是完整，很多努力都是在抱残守缺。其实，有些感情注定是一场错误，就像握着一块尖锐的玻璃，只有放开它，才能腾出手来接纳幸福；如若不然，将这玻璃紧紧攥在手中，只能是深深地刺伤自己。

错误的爱情并不可怕，人生就像一本小说，只有一错再错，充满曲折的故事才精彩。当青春不再，多年后再度回首昔日未曾有结果的恋情，便会懂得，人生这段乐章，因那一段段的华彩而更加丰富悦耳。

很多人都有学骑自行车的经历，在刚开始的时候，我们总是害怕跌倒，总是盯着自己的脚下，而不去看前方的路。可是最后却发现，我们仍旧没有骑好。但是，当我们学会骑自行车的时候，我们似乎就忘记了脚下，而是一心看前方的路。最终的结果是，我们不但能够克服心中的恐惧心理，还可以骑得坦然自若。之所以会这样，就是因为我们学会了忘记，忘记了之前的错误和痛苦。当我们和朋友一起骑车出行时，甚至可以笑着说出：当年学骑自行车时，那一跤摔得好惨。

爱情亦是如此，总要跌过跤，总要受过伤才能成长。但是，跌倒的时候绝不能不再爬起来，要勇敢地往前走。昔日的泪水和伤痛，总有一天，你能笑着说出来。

梅和伟相识在大学里的一场联谊舞会上，伟说当他第一眼看到穿着白色长裙的梅，就有一见钟情的感觉，而优秀的伟也让梅心动不已。两颗心自然而然靠在了一起。

四年大学生活，梅和伟的感情愈来愈深。毕业后，他们在同一个城市找到工作，准备一年后买房结婚，可是，不幸的事发生了，伟因为车祸离开人世。梅整天以泪洗面，很长一段时间甚至不能正常工作。

梅的母亲不忍心看女儿一直消沉，开始为她物色新的男朋友。可是梅一直怀念着死去的伟，她每天回家都要抱着伟的西服发呆，那是梅买来送给伟的。直到有一天，梅去出差时，"小偷"偷走了家里所有有关伟的物品，包括伟的那件西服。梅突然发现，人生就是意味着很多次失去，不论对象是衣服还是人，失去的就是失去了，而新的东西会不断出现。也只有失去过的人，才能知道拥有的可贵，才能更珍惜现在的一切。

从那以后，梅不再郁郁寡欢，她更加珍惜身边的亲人和朋友，以及自己的心情。

回忆不能代替爱情，梅只有真正走出来，她的残缺的爱情才真正成了一段完整的回忆，才成了梅人生中一个美丽的注脚，她的生活也才因她的继续努力而变得完整。

彩虹总在风雨后，幸福也是。当错爱结束，真爱才可能到来。那些逝去的爱情，就让它们变成生命中一段别样的风景。当我们在晴空下回忆来路，心中会因这一段经历而有不同的心情。

当爱不再盛开，不如离开

一个人的人生要经历无数的感情：亲情、友情、爱情。亲情和友情如星光、如月光，并不夺目，却永远会在你人生最凄冷的晚上给你洒下一抹银光，在你迷路的深夜给你指引方向；而爱情却如同人生最绚烂、最壮烈的烟花，盛开的时候足以照亮整个天际，那瞬间的美好足以让这个世界都为之变色，然而却也最易凋零。

烟花易冷，如果注定留不住那些美好，如果错开的花注定结不出果实，那么，不如在最美的时候离开，留一个灿烂而轰轰烈烈的人影，远好过在纠缠不清中将所有美好逐渐挥霍殆尽，最终只剩下彼此憎恶和折磨。

每一个读过安徒生童话《海的女儿》的人，都会为小人鱼的遭遇感慨。

为了得到王子的爱，小人鱼放弃了美妙的歌喉，将鱼尾变为双足，每走一步都像走在刀尖上。可是，王子却娶了邻国的公主。在他们结婚当夜，小人鱼的姐姐告诉她，只有杀掉王子，她才能有活命的机会，否则第二天一早，她就会变成泡沫，消失得无影无踪。

正当小人鱼握紧刀子进入王子的房间，想要杀掉王子时，她仔细端详王子的脸，她看到王子睡得很安详、很幸福，最后小人鱼放弃了以王子的命换取自己的命，她宁愿王子得到幸福。当小人鱼化为海上泡沫后，天空的女儿有感于她的善良，给了她另一个拥有灵魂的机会。

　　《海的女儿》是经久不衰的安徒生童话，在这个童话里，安徒生说，只有懂得爱情才能得到真正的灵魂。但想要得到爱情需要巨大的代价，为此，小人鱼付出了自己的一切，承受着巨大的痛苦，依然无怨无悔地爱着王子。即使到了最后，小人鱼即将消失，她依然选择了爱，赢回了自己的灵魂。

　　爱情的本质不是自私，爱一个人就应该让那个人得到幸福。

　　相信爱情的人都和那个纯洁的美人鱼有些相似，不计回报地付出，想尽一切办法希望得到对方的注意与爱慕，可惜，并不是每一份真挚的爱情都能够得到回报，很多时候爱情存在一个怪圈，A爱的是B，B爱的是C，C爱的是D……想要碰到"刚刚好"的那一个，不是那么容易的事，所以人们只能不断寻找、不断失望。

　　爱的人不爱自己，或者爱的人不再爱自己，都是很难接受的事。曾经有一篇报道说，一个大学男生因女朋友提出分手，便将一瓶硫酸泼向女友，造成女友重度毁容，男生因此入狱判了重刑。这样悲惨的结果让女孩终身不能再有美丽的面孔，男孩也毁掉了自己的前途，面对漫长的牢狱生活。人们会问，做到这个程度，这个男孩真的爱女孩吗？难道独占就是爱，伤害对方就是爱？

　　爱情应该是人生花园中最美而最娇嫩的花朵，若不能给它以适合生长的温室，就不如趁它盛开时放手，何必要硬将它摘下放在风雨中，亲眼看它凋零枯萎呢？

　　赵嘉终于和男友分手了。三年以来，她在每个白天都绞尽脑汁地讨男友欢心；又在每个夜晚担惊受怕，害怕失去深爱的男友。最后，她终于选择放手。

赵嘉和男友是大学同学。大学时，男友本来有女朋友，两个人脾气都冲，经常吵架，在一次激烈的争吵后决定分手。赵嘉明知男友仍然爱着那个女孩，还是趁着男友寂寞时对他无微不至，并不断示爱。最后，男友被赵嘉感动，和赵嘉确定了恋人关系。

但赵嘉明白，男友始终放不下那个女孩，那个女孩也同样忘不了赵嘉。有时候赵嘉觉得在三个人中间，她才是第三者。男友是个负责任的人，并没有和她提出分手，也没有和那个女孩藕断丝连。但赵嘉发现，他们两个人偷偷地留意着对方的一举一动，熟悉对方遇见的每一件事。赵嘉努力对男友好，有时候也会与男友争吵，问男友自己到底哪一点不如那个女孩。终于有一天，赵嘉想开了，爱一个人就要让他幸福。她主动提出分手，她相信，世界上一定也会有属于她的缘分。

像每一个相信付出就会有收获的女孩一样，赵嘉最初也相信，只要自己努力对男友好，付出足够的感情、关怀、耐心，男友一定能够忘记从前的女朋友。事与愿违之后，赵嘉决定放手，成全了对方的爱情，也成全自己今后的幸福，她相信自己也会遇到相同的缘分。

赵嘉是聪明的，当她对一份爱情产生了怀疑，看不到未来的时候，她没有用忌妒、猜疑和无休无止的吵闹葬送这份感情中的美好，而是坦然选择了放手，在幸福尚有余温的时候让它在记忆里天长地久。如此，当多年后赵嘉回忆起这段感情时，心中想起的始终不会是伤害和痛苦，而是一份虽然无疾而终，却依然温柔美好的情愫。

人们常说，一分耕耘一分收获。但这句话显然不适用于爱情领域，爱情的本质是一种感觉，这种感觉甚至没有原因。人们常常看到这样一种情况，一个人面对很多追求者，却选择了外貌不够好、学历不够高、性格也不那么可爱的一个，所有失败者都在问："为什么？"这个人微笑不语，他知道爱情不是择优录取，只有自己真正喜欢的人才能给自己幸福。所以，大可不必感叹自己不是那个被选择的人，不是你不够好，而是你们没有缘分。

人生常常会有遗憾，爱情也会不尽如人意。当两个人的情感出现裂痕，或苦苦喜欢的人从不在意自己，与其不顾一切抛弃尊严地想要维持住爱情的美好感觉，不如选择带着尊严和美好的回忆离开。成全对方不但能得到对方的尊重和感激，更重要的是尊重了自己，保护了自己，让自己不必再徒劳地做一件没有结果的事。离开固然是一种无奈和遗憾，但得到的却是一份纯洁的友谊以及自己崭新的未来。看看所爱的人的笑脸，也就明白了爱的意义。这样美丽的离开，让这份感情反而得以永存。

每个人都是在不断地受伤与领悟中开始成长，一份感情带来的伤害只是成长的一部分，它让你更懂得珍惜自己，更懂得如何去爱，不必为谁对谁错斤斤计较，也别再去想曾经的付出，放开你紧紧牵着的那只手，因为对方不是那个陪你走一辈子的人。比起强求、比起伤害，祝福才是最美的结局。

得不到的爱，不如剪断

心理学研究表明，越是得不到的东西，人们就越不想放弃，所以人们即使知道现在的爱人不适合自己、现在的爱情并不美好，也不愿意放弃，因为他们远远没有达到想要的目的。他们幻想不适合的人有一天会变得适合，但爱情就像买鞋子，合不合脚只有自己知道，只差一个号码，穿久了能习惯，若差得太多，受罪的是自己的脚，浪费的是那双鞋子。因为"不适合"这种理由分手，本身就代表了一种对自己的否定，充满了不甘心。而明知道不适合还要在一起，就是自讨苦吃。

要知道，一个人现在不会为你改变的，以后也不会有什么改变。如果幻想着将来结了婚、组成了家庭对方就能变成自己理想的样子，那么只能失望。世界上不存在为你量身定做的完美的白马王子，每个人身上或多或少都有让你不满意的地方，这时候，要么连对方的缺点一起接受，要么连对方的优点一起放弃。不要试图改变对方，也不要因为忍受了对方缺点而不断苛责。

方舒是上海一家金融公司的高层员工，从业10年，她的职位越来越高，感情也从稚嫩走向成熟。方舒毕业于复旦大学金融系，进入这家公司后，她的上级对她照顾有加，让独自居住在大都市、没有什么朋友的她感到温暖。再后来，她和这位上级成了恋人。

一年后方舒才知道，原来上级有夫人也有孩子，他们都定居在国外。上级是总公司派到分公司来工作的，只能在上海工作 5 年左右的时间。上级表示，为了方舒，他会尽量延长在上海工作的时间，即使他以后调回总公司，他也能每个月，甚至每星期回来与方舒相聚。

这样的关系持续了将近两年，方舒为两个人的关系痛苦，又无法放弃这段爱情。有一天，方舒回到家乡和父母团聚，父母开心地请了一大家子的亲戚。方舒发现，自己的表妹表弟们基本都结了婚，一对一对恩恩爱爱。当长辈们问起方舒的终身问题，方舒苦笑一下，说自己还没有考虑。

回到上海后，方舒切断了和那个上级的一切联系。她知道自己想要的爱人应该随时随地都能陪在自己身边，既然自己找错了，那就应该以最快的速度改掉这个错误。

对待爱情时，要做一个聪明人。不要去做别人的"副册"。不管你的地位如何，就算你觉得自己很重要，也不过尔尔。对待爱情不专一的人，心已经分成了两半，或者三半，或者更多，你只能占据很小的一部分。何况，今日不专情，就不要指望明日会变专情，和这样的人在一起，只能看着自己的"份额"越来越小，纠缠到最后，连最初的分量也没有了。这时候怪自己看错人吗？不对，是因为你小看了自己，也就无法让别人看重你。

不要触碰爱情的底线

婚外情是一场有关幸福的赌博，是平静之外寻求片刻的刺激，而片刻的激情带来的却是永远的家破人亡。为了寻求激情和刺激，而丢失曾经执子之手、与子偕老的那个人，让幸福化为乌有，这样值得吗？

女人爱潇洒、浪漫、有激情的男人，而男人爱漂亮的女人。可是在生活中，长时间的婚姻让一切都归于平淡，以前的那些情话就不再提起，以前的山盟海誓随之抛诸脑后，慢慢地产生婚外情。

羽墨和她的老公在大学的时候就开始恋爱了，毕业一年后，他们便携手踏上了婚姻的殿堂。可以说，他们的婚姻非常幸福，羽墨仿佛沉浸在幸福蜜罐中。就这样，他们平静地过了三年。

直到有一天，学校调来一名新老师，和羽墨年龄相当。这名男老师不仅英俊潇洒，还文质彬彬。通过几次接触，羽墨发现这位男老师不但才华横溢，而且说话总能说到她的心坎上。随着交往的加深，羽墨的心里莫名其妙地发生了变化。她盼望着上班，盼望着和他在一起。

虽然她不停地告诫自己不可以这样，但是她就是没有办法克制自己，她已经深深地被新调来的男老师给吸引住了。在一次加班后，男老师邀请羽墨一起吃夜宵。几杯啤酒下肚，羽墨的头靠在了男老师的肩膀上。

从那晚起，他们的关系就发生了变化。开始的时候，羽墨还有一点内疚，但是，那名男老师给羽墨带来了前所未有的刺激和激情，而这种激情让她忘记了当初的幸福，忘记她是个有夫之妇。

可是，好景不长，有一天，羽墨和那个男老师在自认为很偏僻的湖边散步时，意外地碰到了老公的亲戚，悲剧从此刻就开始了。她的老公找到学校，把男老师教训了一顿，他们之间的事情闹得尽人皆知。

自此之后，周围的亲戚、邻居都用异样的眼神看着羽墨，老公更是对她不理不睬，每天故意加班，直到半夜才回家。羽墨觉得再也不可能回到从前，幸福已经离她远去，在绝望之中自杀了。

羽墨正是由于贪求一时的刺激，忘记自己是一个有家庭的人，与男老师搞了婚外情，结果导致老公不再搭理自己，亲人、朋友另眼相看，曾经的幸福生活就这样一去不复返。而万念俱灰的她，最终选择了香消玉殒。

婚外情就像是一场危险的赌博，我们赢得一时的刺激和享受，输掉一生的幸福快乐，多么得不偿失。

人生在世，拥有一知己足矣，又何必吃着碗里瞧着锅里的呢？与其去做那些无用功，还不如珍惜眼前人。我们要想幸福，就要相信自己当初的选择，珍惜我们当初所选择的幸福。

人生在世，每个人都有欲望，但是我们要懂得珍惜自己的情感，珍惜自己的幸福。在婚姻中不要因为贪恋色相而背叛对方，不要因为一时的把持不住而出轨。尊重和珍惜自己的情感，也就等于拿到了开启幸福之门的钥匙。

把握爱情的度

爱一个人的时候，就想把自己能想到的一切都给对方。可是，给得多了，对方常常觉得承受不住。

这就像一个燃烧的火炉，一味添加炭火，不会使它更旺，反而可能熄灭燃起的火焰，因为炭太多了，炉子里的空间不够了，空气不够支持燃烧。爱情有时就像炉中的火焰，不是你给得多，它就会一直光耀动人。

一位禅师带着小弟子下山化缘，他们路过一个鸟语花香的园子，一派春日祥和景致。师徒二人正在享受漫步的悠闲，突然听到一棵高大的树上传来一阵哀鸣，举头看去，是一窝小鸟因害怕而啼叫。

"这么小的鸟却放在这么高的树上，难怪会害怕。"小徒弟说。他不忍听到小鸟的叫声，就拿了梯子，把鸟窝放在低一些的树枝上。禅师微笑赞许："有爱生护生之心，很好。"

第二天，小弟子关心小鸟，偷偷去花园，又听到小鸟的啼叫。于是，他又将鸟窝放低了一些。如此几天，小鸟终于心满意足，发出欢悦的声音，小弟子终于能够放下心了。

没过多久，小弟子又一次和师父下山，路过花园，却听不到鸟儿的声音，只看到低矮树枝间空荡荡的鸟巢和散落的羽毛。

原来，鸟巢放得太低，小鸟都被附近的野猫叼走了。禅师摇头，双手合十说："万物有定分，你过分帮助它们，却是害了它们。"小弟子懊悔不已。

世间有很多人在爱情中愿意尽可能付出，也是希望对方感觉到自己的重要，让其有一种"错过了，就再也找不到这么好的"的感觉。其中滋味，恐怕只有爱过的人才能了解。旁人看去，不过雾里看花。

过度的爱对于接受者来说，可能是喜悦，也可能是伤害。就像两个人面对面坐着，一人拿一个杯子，一个人不停给另外一个倒水，而自己的杯子始终空着。最后，一直喝水的人终于受不了了，可能觉得对方给得太多，心存愧疚；可能觉得一直不停地喝，觉得腻烦；也可能因为自己始终不能为对方做些什么，找不到存在感。总之，在对方无尽的给予中，他再也感觉不到喜悦。感情走到这个地步，分离是必然的结果。

我们要懂得把握爱情的"度"，不要用尽生命去讨好一个人，因为勉强无用，这是爱情的"度"，也是智慧和幸福的度。

爱在左，情在右，生活香花弥漫

第八章

真爱其实很简单：时光静好，与君语；细水流年，与君同；繁华落尽，与君老。时间流逝，陪伴就是最好的浪漫。感情的世界里，需要的是珍惜、尊敬以及用心经营。

莫让感情成为瓶中花

中国人强调"成家立业",在中国人的价值观中,家庭和事业各占人生成就的一半。一个幸福的家庭是奋进路上的无条件的支持,是面对低谷时从至亲处得来的安慰,是挫折痛苦时可以重拾勇气的动力,是疲倦不堪时一个静谧温暖的怀抱。幸福和谐的家庭关系可以助人在事业上心无旁骛勇攀高峰。而若家庭失和,便难将足够的精力投入到事业当中,即使幸运闯出一番天地,却依然掩不住内心的凄凉无依之感。

家庭是人生幸福的保证,而家庭的基础则是夫妻感情的稳固。懂得经营婚姻和感情的夫妻,即使在爱情的激情退去之后,依然能一起享受彼此相伴的幸福和乐趣,从而建立起一个最幸福的家庭;而有些夫妻却在激情退去之后便只剩下日复一日的消磨,人生似乎都再无波澜。

爱情也许是短暂的,但它所带来的感情却是人生最伟大的事业,这份感情经营得好,人生才有幸福和辉煌可言。

汤显祖在《牡丹亭题词》中说:"情不知所起,一往而深。生者可以死,死可以生。生而不可以死,死而不可复生者,皆非情之至也。"是的,爱情是美好的,但是,如果把一件事想得超出现实,那必然会受到深深地打击,爱情也如此。那是因为爱情也不是十全十美,爱的背后不全是风花雪月。

即使如水晶般的爱情也最终要归于柴米油盐的琐事,处于恋爱中的男女要以理性的眼光去审视自己的感情，理性分析爱情中出现的矛盾，很多的矛盾往往都是因为对对方期望值太高而造成的。最初的爱情是甜蜜的粉红色，往往会蒙住人的双眼，交往一段时间后，便会发现现实中很多事都没有像自己梦想的那样，于是焦躁了，厌烦了，矛盾便出现了。而聪明的人懂得花朵的绚丽只是暂时，只有饱满而朴素的果实才是幸福的真意。

刘晓梅、王妮妮、郑丽宣是好得不能再好的闺中密友，三人中刘晓梅长得最美，郑丽宣最有才华，只有王妮妮各方面都平平。

这三个人虽然平时好得跟一个人似的，但是她们在择偶的标准上却有很大的不同。

刘晓梅觉得人生就应该追求美满，爱情是世间最浪漫的事，如果找不到一个能让自己觉得非常完美的爱人，那么，她宁愿一辈子独身。

郑丽宣认为婚姻是一辈子的大事，必须找一个能与自己志趣相投的男人才行，两个人相扶相助，有共同语言，那样的日子才幸福。

王妮妮呢？她竟然没有什么标准，她是个传统而又实际的人——对婚姻不抱不切实际的幻想，对男人不抱过高的要求，对人生不抱过于完美的奢望，她觉得两个人只要"对眼"，别的都不重要。

她们毕业后，王妮妮遇到了一个人，他的名字叫陈武，陈武长相、才情都很一般，属于那种扎在人堆里就会被淹没的男人，但是，当王妮妮见到他的时候，两个人第一眼就看上了对方，而且彼此都是初恋的对象，于是两个人一路恋爱下去。

刘晓梅和郑丽宣对这件事都持否定态度，她们觉得像王妮妮这样各方面都难以"出彩"的人，婚姻是她让自己人生辉煌的唯一机会，她不应该草率地对待这个机会。不过,王妮妮还是坚持自己的选择。她觉得,在以后漫长的岁月里,不知道会遇见谁,现在她感觉找到了爱人,那么就不会放弃。

于是,23岁的王妮妮毕业第一年的冬天就与陈武结了婚,25岁时做了妈妈。虽然,王妮妮的日子过得很舒服、很幸福,但是,她的两位最好的朋友还在同情地看着她。

刘晓梅摇头叹息地对她说:"丫头呀,花样年华就这样白白地没了,可惜呀!"

郑丽宣撇着嘴说:"你为什么不找个更好的?"

就在这样的声音中,王妮妮依旧过着她的日子。岁月无情,当三个人都由少女变为半老徐娘时,刘晓梅众里寻他千百度,无奈那人始终不在灯火阑珊处,只好让闭月羞花之貌空憔悴;而郑丽宣虽然如愿以偿,嫁给了与自己志趣一致的男士,但无奈两个人在同一个屋檐下,却如同两只刺猬般不停地用自己身上的刺去扎对方,遍体鳞伤后,最后不得不离婚。离婚后的郑丽宣以吃来宣泄自己的坏心情,生生将自己昔日的窈窕变成了今日的肥硕,昔日的才女变成了今日的怨妇。

而王妮妮依旧过着自己幸福的小日子,她事业顺利,家庭和睦,到现在竟然美丽晚成,时不时地与女儿一起冒充姊妹花"招摇过市"。

爱情的感觉的确很重要,找一份适合自己的姻缘也的确重要,但是,考虑得太多就会迷失自己,错过那些原本的幸福。爱情不存在于幻想中,它是实实际际的生活,它可能很平淡,但这平淡就是幸福。爱情是插在花瓶里的娇艳花朵,唯有将这花朵插入泥土中,细心呵护,让它长出根,生出叶,结出果,这份爱情才能得以长久。而这细心呵护的过程便是经营一份感情的过程。

感情是人一生最伟大的事业，我们只有如园丁般而小心翼翼地去浇灌爱之花，才能结出长久的、甜美的感情之果，幸福之实。

细水流年，与君同行

《诗经·邶风》中有言："死生契阔，与子成说；执子之手，与子偕老。"在这简单而质朴的文字里，你可曾体会到深藏的内蕴？

"执子之手，与子偕老"并非每个人都能说出口的，不是不敢说，是说不起。这8个字看起来似乎简单，却蕴含着深刻的信仰。它并不只是一种单纯的语言承诺，而是在千万人之中、在时间无涯的芳草地上，没有早一步，也没有晚一步，恰巧被我们遇上了对的人。不需要太多的言语，有的只是相视一笑的默契，能够在一起，就是最好的享受。只需轻轻地一握，就这样牵着对方的手，一直相扶着走向永远。

茫茫人海中，我们与亲密的知心爱人相遇、相知，并且相伴一生，是缘分，也是福分。只有那些在爱情道路上彼此搀扶走了很久的爱侣们才能切身体会到那句人们经常提起的话：两个相爱的人相处得久了，浪漫的激情会被现实的温情所代替；爱情也会变成亲情，曾经甜蜜的爱侣最终会成为至亲的亲人。这并非是说爱情不能持久，更不像有些人所说的"婚姻是爱情的坟墓"。事实上，当爱情蜕变为亲情的时候，爱侣之间的这种亲密感情往往更加坚定，也更加懂得相互理解、彼此鼓励。

可是，虽然知道这种福缘的可贵，很多时候我们却不懂得珍惜和经营。年轻人在初涉爱河时，彼此之间充满了甜言蜜语、海誓山盟。在彼此的眼中，对方全身都是优点，即使偶然发现一些缺点，也觉得是可爱而微不足道的。然而，在步入婚姻殿堂之后，曾经的花前月下逐渐被生活琐事所替代，曾经的海誓山盟也逐渐被柴米油盐所更换。于是，我们便开始要求对方有更多的理解、更多的照顾、更多的疼爱……总之，我们一切的要求都更多了。其实，对方没有变，变的只是我们自己内心不再简单的欲望。

实际上，抛开所有的一切，只要两个人在一起，不就已经是最好的享受了吗？因为在一起才互相有了默契，因为在一起才有了共同的许多东西，因为在一起才拥有了快乐和幸福。无论贫富贵贱，无论摩擦吵闹，只要在一起，那就是幸福。

每天晚饭后，小区花园里都会有附近的居民聚在一起跳交际舞。在为数并不太多的舞者中，有一对中年人总能吸引人们的目光。

他们衣着俭朴，甚至可以说有些过时。他们相拥融入那些西装革履、翩翩裙裾之中，显得是那样格格不入。男人个子不高，头发倔强地立着，显出一副掩饰不住的沧桑；女人与男人身高相仿，舞步娴熟，神态自若。如果不是旁边有人悄声议论"你看那个双目失明的女人跳得多好"，几乎没人能猜测出她会是个盲人。

一曲终了，他们相携走到亭榭边稍事休息。舞曲再起，是优雅的中三。女人抬起双手，在空中虚无地寻找着什么，待男人一手搭上她的肩，一手与她相握时，女人平静的脸上浮现出一丝不易察觉的微笑。那一刻，女人脸上堆满了幸福。

后来才得知，那男人是走街串巷收废品的，收入微薄，无钱娶妻。女人因为双目失明，无所依从。他与她在某一刻相遇，之后两人相守，各自便都有了依靠。

此后的每个黄昏，都能在小区的花园里看到他们。虽然，在偌大的舞池中，他们的舞姿也许不是最美的，但一定是最幸福的。

那么，对于这对男人和女人而言，幸福的标准又是什么呢？

他奔波忙碌了一天，赚到十分微薄的生活费，然后，在灶间忙活一阵，端给她一碗粥或是一碗面，捎带一碟素淡的青菜。那一刻，她是幸福的吧？

他在走街串巷时想着家里的女人，收工回家时，看到女人靠在门边，含笑向着他回来的方向，鬓边的一缕秀发在清风中稍显凌乱。那一刻，他是幸福的吧？

晚饭后，他牵起她的手说："走，我们跳舞去。"那一刻，他们都是幸福的吧？

其实，幸福的答案千千万。女人信任地把手伸向男人，之后，他们执手滑入舞池，翩翩起舞而相对无言，共同舞动出今生今世的默契和平淡的幸福时，我们便知道，一句简单的"执子之手，与子偕老"便是最好的享受。

当发现真的爱上一个人的时候，就会懂得，真爱就是：能够在一起，便好。这种相依相守的婚姻经受住了现实生活的考验，爱便显得如此真切，如此深沉。没有过多的要求，只是简简单单地陪在你身边，一直陪下去，到终老。

大二那年的春节，当新年的钟声敲响时，我把你叫下楼，对你说："我爱你。"你把头靠在我的肩上,紧紧地挽住我的手臂,恐怕下一秒我会消失似的。

工作了一年后,当第二天早晨你临出门前,我把年终奖拿给你时,我说:"我爱你。"你把早餐放在桌上,跑过来刮了一下我的鼻子说:"知道了。懒虫,该起床了!"

30岁那年,我说:"我爱你。"你笑着说:"你呀!要是真的爱我,就别下了班到处跑。还有,别再忘了我叫你买的菜!"

孩子中考那年,某天晚饭后,看着你每天疲惫的身影,我说:"我爱你。"你边收拾碗筷边面无表情地嘟囔着:"行了,行了,快去帮孩子复习功课去吧!"

儿子去大学报到离开家的那天晚上,我说:"我爱你。"你织着毛衣,头也不抬:"真的?你心里是不是巴不得我早点儿死掉。"

在全家人为你过60岁大寿时,我说:"我爱你。"你笑着捶了我一拳:"死老头子!孙子都这么大了,还贫嘴!"然后就咯咯咯地笑个不停。

70岁时,我们坐在摇椅上,戴着老花镜,欣赏着50年前我给你写的情书,我们已经布满皱纹的手又握在了一起。那时候,我说我爱你。你深情地望着我,我看到你那已经皱纹满面的脸依旧那么美丽,炉子上的开水咕嘟咕嘟地冒着水蒸气,温馨的暖意充满了整个屋子……

80岁时,你对我说:"我爱你。"我什么也没说,但那是我人生最快乐的日子。我流泪了,因为你终于对我说出了那句"我爱你"。

90岁时,我们在一起,一同向对方说:"我爱你。"今生最大的享受就是能够牵着你的手,幸福地陪你走完这一生。

年年岁岁花相似,岁岁年年人不同。能守住属于自己的一份简单而平淡的生活，就已经是一个幸福的人了。"执子之手，与子偕老"，在平淡和琐碎的日子里，保持一颗简单如初的心，与自己的知心爱人牵手一生。彼此支持，彼此鼓励。

能够在一起时，便要好好惜福，不离不弃。如此，眼下的每一刻对于我们来说，都将如一生般永恒。

婚姻不是童话，需要用心经营

婚姻是人生的第二个起点。我们不能选择自己的出身，不能选择自己的父母，却能选择自己的婚姻和自己的另一半。常有年轻人沉浸在爱情的喜悦里，以为这就是自己未来的生活，其实，恋爱不过是一场戏剧的序幕，而生活要从进入婚姻才真正开始。

俗话说"百年修得同船渡，千年修得共枕眠"，两个互不相干的人能够结合成夫妻，是一件很不容易的事。一个家庭的组建，意味着两个生活方式、成长经历以及家庭背景完全不同的人要开始共同生活。而在"家"这个小小的空间里，所有鸡毛蒜皮问题上的不同带来的摩擦如果一再反复叠加，都可能在这有限的空间里急剧膨胀，一直到最终爆炸，将一爱情、亲情伤得片甲不留。婚姻既然是一段崭新生活的开始，就要做好接受新的生活方式的准备，不能要求一切都按自己以往的家庭模式来，而忽略了对方的需求。

人们说，幸福的人有着相同的幸福，不幸的人却有着各自的不幸。下面就让我们来听听身为丈夫的王先生的自述，看看他为什么感到不幸福。

现在，家对我来说就是一个牢笼，迫于父母的压力，我和妻子刚认识不到半年就结婚了。当初之所以会选择她，是觉得她很温顺、很善良，结婚后应该能和我相处得很融洽。谁知道，刚结婚没两个月，她的性情就来了个大转变，我在事业单位工作，工作清闲，工资不高，一到周末就喜欢和朋友一起去喝喝小酒，每次聚完会后回家，妻子就拿一张冷冰冰的脸对着我，还隔三岔五不时地数落我说不务正业，没本事，赚不了大钱。

我觉得我自己特委屈，我赚钱再不多，起码在结婚时也买了套新房子，房产证也写上了她的名字。每月我把全部工资交给她，自己想买东西了，还得朝她要钱。朝她要钱时那叫一个难，我要买什么东西，东西值多少钱，东西买完干啥用，她都要问得清清楚楚。很多次任我磨破嘴皮子，她就是不给钱。我那个气啊，明明是我自己赚的钱，如今都成她的了。

结婚半年，她怀孕了，怀孕刚两个月就不去上班了，全家的担子都落在我身上。毕竟怀的是我的孩子，我也心甘情愿地照顾她。可自从怀孕后，她的气焰更盛了，我的饭稍微做得咸了点儿，或者稍微回来晚了点儿，她就对我颐指气使。她还疑心特重，查我电话不说，还查我的QQ和MSN。每次有人给我打电话，她都得把耳朵竖起来听着。

终于，我们的儿子出生了，我妈妈开始帮我们带孩子。过了三个月，我对妻子说："你月子早就坐完了，也该去上班了，咱们一起多赚点钱，让孩子的生活过得好点。"妻子听完，立刻哭了起来，说我不体贴她。哎，我现在每天都生活在压力中。

不能和妻子融洽相处让王先生感到很有压力，妻子的冷漠和神经质又让王先生觉得很委屈，如今的王先生视自己的家庭和婚姻为牢笼，他很想打破牢笼可是又不知道怎么做才能得偿所愿。

如果你觉得王先生很委屈，觉得王先生的妻子做得太过分，那就再来看看王先生的妻子李女士的自述。

刚认识5个月的时候，他就跟我求婚，我当时挺犹豫的，觉得太快了，但是想到自己年龄也不小了，就答应了。我性格比较沉闷，一下班就待在家里，哪也不想去；他性格比较开朗，下班后不是待在单位和同事打牌聊天，就是和一伙朋友去喝酒。我是一个怕热闹但又怕寂寞的人，每次一个人待在空落落的家里，就觉得很委屈。

我想让他多在家里陪陪我，可又说不出口，毕竟在结婚前，他就是这个样子，况且以他的性子，就算我劝，他也未必听。时间一长，我心中的火就盖不住了，结婚刚两个月我就跟他大吵了一架。我原本只是想让他多陪陪我，可因为自尊心作祟，我硬是说了一些数落他的话。数落完之后，我也非常后悔，但我这个人太好面子，就是不愿意解释。

从那一天开始，我们的夫妻关系就变得有些紧张了，他回家的时间也越来越晚，我也就更加委屈和寂寞了。越委屈，我的火气就越大，我总是胡乱挑他身上的毛病，他向我要钱买东西，我也不给。其实，每次拒绝他的时候，我心里也很难过。可是我这么做，都是想让他对我好点啊，只要他对我好，我就会对他好。

一天晚上，他把手机放床上，就去洗澡了。突然，手机响了，我就接了。对方是个女的，一开口就叫哥哥，声音还嗲嗲的。我一听就立刻把电话挂了，那边也没再打过来。我老公是家中独子，根本没有妹妹，所以这事让我很疑惑、很生气。我始终没有告诉他这件事，但心里一直有疙瘩，开始不停翻他的手机，查他的 QQ 和 MSN，但一无所获。

结婚半年，我怀孕了，我很高兴，一是因为我就要当妈妈了，另外就是他在家陪我的时间多了。后来我发现，他并不是很乐意陪我，虽然跟我在同一间屋子里，可他不是煲电话粥就是上网，甚至在做饭的时候都在不停地打电话。我很生气，又开始挑他的毛病，他的态度就更不好了。

医生说我的体质比较弱，最好不要去上班。为了保住孩子，刚怀孕两个月我就不去上班了。我一直很愧疚，但是每当看到他那副爱答不理的样子，我就什么好听的话都不想说。终于，孩子出生了，我们一家人都很高兴。坐完月子后，我开始在网上找工作，但始终没有合适的，我心里一直很着急。一天晚上，老公突然表情严肃地对我说，你也该去找找工作了，不能老待在家里。顿时，我觉得委屈得要命，我一直在找啊，只是他从来没关注过我而已。

看完李女士的自述，你是否觉得李女士也有她的委屈，也是个值得同情的女人。李女士性格内向、沉闷，有什么话爱憋在心里不说出来，她对丈夫冷漠，不过是想让他对自己好一点。然而，她的丈夫毕竟还是个有血有肉的普通人，受到指责或是冷漠对待，也会感到不舒服。两个人这么僵持下去，当然不会得到幸福。

其实，王先生和李女士之所以各自都觉得委屈和不幸福，并不是哪一方做了什么天怒人怨的事情，相反，两个人似乎都觉得自己在这段婚姻中没有错误。事实上，他们两个人的问题，在于没有意识到一旦步入婚姻，就意味着一段崭新的生活由此真正开始。两个人都依然按照自己原先的生活方式生活，结果自然格格不入。

　　小时候读童话，故事总是以"从此，公主和王子过上了幸福的生活"作为结束，似乎一旦步入婚姻，故事就可以画上句号。事实上，婚姻才是新生活的真正起点。只有懂得这一点，彼此都做出让步和改变，婚姻生活才能幸福。

要爱情，更要尊重

　　爱情，可以因为一个回眸就在电光火石之间诞生，但是一份长久的感情，却需要靠彼此的尊重和理解来仔细浇灌。我们可以去邂逅一位令我们心动的人，但真正让一份爱情在婚姻中长久保鲜，却离不开彼此的尊重。

　　尊重，就是适可而止，对于对方的缺点不过分苛责，对于对方的错误不无尽追究，对于对方的隐私和空间，也不能无止境地侵占。

　　而生活中偏偏有太多人活得过于精细，拿着显微镜看婚姻、看爱人，一点缺点都不肯放过，一点不满意都不能容忍。

　　常有大男子主义的男人对女人百般挑剔："不许大笑，一点也不端庄！""不许吃甘蔗，一点形象都没有！""走路挺起胸迈开腿，这样像什么样子！"他却完全没想过她是不是已经穿着高跟鞋整整站了一天，小腿早已肿胀。女人对男人也同样毫不放松，从几点睡觉几点起床，一直管到每天花几块钱，下班花多长时间回家。

而在这个彼此挑剔的过程中，夫妻彼此间感受到的不是被爱和尊重，而是一再地被嫌弃、被管束。而因为不甘于被对方挑三拣四地对待，便往往在被对方指责时加倍地去指出对方的不足，于是好好的家庭就开始纷争不断。因为缺乏对彼此的尊重，两个人看到的都是对方的缺点，两个人都将争吵的起因归于对方的错误，于是谁也不肯低头道歉，一个家庭就此陷入冷战的深渊，甚至走向破裂边缘。

艾玛的丈夫在外人看来绝对是好男人的典范。他凭自己的能力白手起家，如今经营着一家效益很好的物流公司。他为人又开朗正派，喜欢交朋友且十分讲义气。最难能可贵的，是在事业上颇有成就的他还是个十分顾家的男人。每天下班回家时都开车去买菜，每次去外地出差早晚给艾玛打电话问候，且节日时一定要给妻子带礼物。人人都觉得艾玛嫁给这样的老公是她的福气，偏偏在艾玛心里，丈夫有一个让她不能容忍的缺点：喜欢喝酒。为此两人经常发生口角。

一次艾玛加班办事，丈夫原本说好在家做晚饭。可是当晚上8点艾玛打开家门时，却只见家里一片漆黑，厨房更是冷锅冷灶。艾玛打电话找到丈夫，丈夫说有个朋友临时约他吃饭。憋了一肚子气的艾玛直接挂断了电话。

晚上丈夫回来时身上带着酒气，人也几分醉意。艾玛黑着脸上前就指着丈夫的鼻子破口大骂，怒吼道："你怎么不喝死在外面！"丈夫一听也火冒三丈，马上反击也开始数落艾玛平日里的种种不是。两个人都越吵越气，甚至到最后动起手来。

因为这次动手，两人闹起了离婚。虽然在亲戚朋友的劝解下，这场战争好不容易停止了。但是这次动手和闹离婚的阴影一直盘踞在二人中间，他们的家庭里再也没有温馨和幸福的气氛可言。

其实，如果艾玛能对丈夫喝酒的喜好尊重一点，如果丈夫能对艾玛不喜欢他喝酒的态度尊重一点，这个家庭本可以幸福而长久。只因对彼此不够尊重，两人都太过自我，结果却是双方都不幸福。

婚姻中，因为两个人成长环境、行为习惯的不同，免不了面对各种各样的问题，即使最幸福的家庭也要经过无数次的危机考验。而危机感一旦产生，不懂尊重对方的人便免不了做出很多伤害对方的行为来证明对方的感情没有改变，渴望以此来维系婚姻。殊不知，就在这个一再考验、一再紧逼的过程中，对方已被自己亲手一点点推向对立。而最糟的是，如此做的人甚至意识不到问题出现在哪里，只是觉得对方态度越来越冷淡，离自己越来越远。于是，按他们所认为的——"为了维护这份婚姻"，他们便进一步干涉对方，控制对方，成为一个恶性循环，直到婚姻崩溃。

诚然，能如电影中那样不分你我、生死与共自然是美好的。但现实中，因为每个人的不完美，过于密切就难免有矛盾。即使在婚姻中，两个人也是独立的个体，需要拥有相对私人的空间，需要自己的朋友、爱好以及事业。尊重对方，就是不要过度干涉彼此的生活，懂得适可而止，给对方恰到好处的关心和温暖。

感情像一盆火，保持适当的距离它可以温暖你，太远了会冷，太近了又会被灼伤。夫妻之间只有经过磨合调整，才能使一场婚姻成为最完满的状态。

刘先生每次有事外出都会告诉刘太太。朋友都觉得刘太太有福气，有个这样不需操心的老公。然而听刘太太讲，这也是几次的争吵才换来的。

有一次刘先生早上要出门才告诉太太他要和朋友出游。刘太太便有些生气，心想既然出游一定是早就约好的，怎么那时候不立刻告诉自己，非要临出门才说，难道有什么事想瞒着自己。

于是，刘太太拦着要出门的刘先生，非要他交代清楚。着急出门的刘先生也火了，扔下了一句："难道我的衣食住行全要跟你申请批准吗？"然后愤愤离去。

刘太太为此跟先生冷战了数天。刘先生见她对自己吃穿外出都不闻不问，也着急了，终于忍不住问她："你是不是根本就不关心我？"刘太太调笑着答了一句："不是衣食住行都不用我管吗？"刘先生也忍不住笑了。这一笑之后，矛盾被化解，两人也都有了默契。刘先生出行会提前报备，刘太太也不再事事追究。

爱情可以只靠激情就得以存在，但婚姻却需要两个彼此尊重的人和两个谦卑的灵魂。夫妻之间需要给对方一些空间，也需要给对方一些安全感，只有在尊重中掌握好度，才能长久地平和幸福。

不要以爱情的名义来束缚对方，不要拿想象中的完美形象来逼迫对方，学会容忍对方的不完美之处，学会将让对方获得快乐当成自己的骄傲。两个相互忍让、相互尊重的人，才能将一份健康长久的爱情维持下去。

细水长流，别样幸福

电视剧上唯美纯净缠绵悱恻的爱情故事，令人心生羡慕；古今中外的名人中独一无二、浪漫恒久的恩爱夫妻，更令人无比仰慕。但在凡俗里，更多的是平凡人物的平常日子，爱情也是凡俗里的平淡生活，是柴米油盐的琐碎。

恋爱的人骨子里都是追求浪漫的，但这种浪漫情怀却很容易在柴米油盐的婚姻生活中消磨殆尽，只剩下平淡如水的日子。就连三毛都说，"爱情看起来很浪漫、很纯情，可最终现实是残酷的，因为它经不起柴米油盐的烹制"。

的确，生活不是电视剧，婚姻更不是偶像剧，不会每天都有那么多的惊喜，不会每天都有那么多的浪漫，它很平凡，它很平淡。婚姻生活的真谛就在于琐碎的柴米油盐中，实实在在的生活才是最重要的，才是生活真实的滋味。

然而是否这种平淡与无奈就是婚姻生活的全部呢？不是，优雅的妻子懂得即使下厨也要优雅地先喷一点香水在颈上，聪明的丈夫懂得买米买油时，顺便买一枝玫瑰花。

婚姻是平淡的，却也可以是浪漫的，婚姻中的浪漫不需要惊天动地，不需要轰轰烈烈；恋爱时九百九十九枝玫瑰仍然不足以表达的浪漫，在婚姻中只要一朵玫瑰、一句温柔的话语、一次真情的表白，就得以存在。

她和他在电影院偶然相遇，一见钟情。新婚生活是美好的，两人各自忙着自己的事业，回到家就是柴米油盐。可是，渐渐地喜欢浪漫的她觉得日子太过平淡，对爱人没有了心跳的感觉，她甚至觉得他不是真的爱自己，提出了离婚。

男人深爱这个女子，他心痛地问："为什么？难道你觉得我不够爱你吗？那你说，我哪里做得不好，我要怎么做，你才能改变主意？"

她说："我问你一个问题，如果你的答案我能接受，那我就选择留下。假如我非常喜欢一朵花，但是它长在悬崖上，如果你去摘，一定会掉下去摔得粉身碎骨，你还会为了我去摘吗？"

他沉默了一会儿，然后说道："我想一下，我明天早上给你答案。"

第二天早上，她醒来时他已经出去了，桌上依然像往常一样放着一碗她最爱的、热腾腾的米粥，下面压着一张他留下的纸条，上面写着满满的字。看了第一行后，她的心一下子沉了下去，但……

亲爱的：

我确定我不会去摘那朵花，理由是：

在这里住了这么久，你出去还是经常找不到方向，然后就开始哭，所以我要留着眼睛帮你看路。

别人惹你生气时，你总是不说话，喜欢一个人生闷气，而我怕你气坏了身子，所以我要留着嘴巴逗你开心。

你每月那几天都会疼痛难忍，而我要留着手给你暖肚子。

你出门总是忘记带钱包，买好了东西才发现没带钱，而我要留着脚跑去给你送钱，让你把喜欢的东西买回家。

因此，在确定你身边没有更爱你的人之前，我不想去摘那朵花……

亲爱的,如果你接受我的答案,就把房门打开吧!我正拿着你最喜欢吃的豆沙包在门外等着呢……

她打开了房门,扑在他怀里放声大哭,她不再需要那朵花了!

锅碗瓢盆所演绎的琐碎生活,总会将风花雪月尘封在时光的沙漏里。走在婚姻路上,也许他没有天天对你说"我爱你",但他为你打上一把遮风避雨的伞,为你沏上一杯飘着香气的茶,为你盖上早已焐热的被,给你一个宽大而坚强的肩膀,给你一个释放委屈的拥抱……谁能说这不是另一种意义上的浪漫呢?

关于爱情,它的表现方式有很多种。有一种爱情像烈火般地燃烧,刹那间放射出的绚丽光芒,能将两颗心迅速融化;也有一种爱情像春天的小雨,悄无声息地滋润着对方的心灵。前者声势浩大却只能灿烂一时,后者平平淡淡却绵延不断。真爱不在于一瞬间的悸动,而在于两个人默默守候。

有这样一对中年夫妇,他们是朝九晚五的上班一族,而且工作地点离得很近。每天早上,先生都会骑着自行车送妻子上班。上车前,先生都会等妻子在车后座坐稳了才跨上车用力一蹬,而且不时地回头关照一下他的妻子,举手投足间透着对妻子的关爱。而妻子如公主一般幸福地坐在车后座上,双手轻轻搂着丈夫的腰,脸上也洋溢着满足。下班回到家,狭小的厨房里,妻子不停地忙碌着,饭锅里正冒着热气,厨房里氤氲着一层饭香的烟雾。而他也不闲着,浇花、收拾房间、扔垃圾。两人有说有笑,消除了一天所有的疲劳,绵延出了无尽的满足与幸福。

妻子从小体弱多病,到了冬天手脚异常冰凉,先生就每天用自己的双手为妻子按摩搓脚，再用自己的体温为她保温；当先生说出自己想吃的东西时，妻子一定会记得，并且在下班后买给他；看到妻子因为腰上长出了"游泳圈"而烦恼不已，他从来都没嫌弃过她的身材走了样，主动说要陪她一起锻炼身体；先生在单位遇到了不顺心的事就心情不好，但妻子从未抱怨过，等先生的情绪稳定下来之后，再询问到底是怎么回事，帮他分析，一起想解决的办法……

几十年来，无数个朝朝暮暮，他们都是这么平静地生活着。岁月在他们脸上毫不留情地留下了皱纹，然而他们的心却依然年轻，仿佛还是热恋中的少男少女。虽然没有一束束的玫瑰花，虽然没有一起吃过烛光晚餐，虽然没有在朋友面前秀过恩爱……但他们的爱却是最朴实、最真切、最贴心的，有一种"执子之手，与子偕老"的安详。

其实，无论是怎样感人的爱情，激情过后终究要归于平淡，爱情终将以朴实却又温馨的生活作为延续，这是生活的常态。心无法总是在虚无的浪漫中飘荡，只有柴米油盐才能让心尘埃落定……只要用心体会，幸福时刻都围绕在我们身边。细水长流的爱情，像春风拂过，轻轻柔柔，一派和煦，让人沉醉入迷。

是的，我们不能拥有琼瑶小说里惊天动地的爱情，没有徐志摩与林徽因惊鸿一瞥的爱情，但我们可以有平凡的生活、凡俗的爱情。在柴米油盐中精心呵护爱情，弹奏一曲属于自己的幸福乐章，就如一首歌中所唱："柴米油盐酱醋茶，一点一滴都是幸福在发芽……"是的，幸福在发芽、成长，直至开花、结果。

第九章

因为友谊,不会轻易悲伤

友谊如醇酒味浓而易醉；友谊如花香芬芳而淡雅；友谊如秋雨细腻又满怀诗意；友谊如腊梅纯洁又傲然挺立。

分享友谊的绚烂之花

海内存知己,天涯若比邻。

我们每个人都是作为独立的个体降生到这个世界上的。而在这个辽阔的世间,一个人是如此的渺小,一个单独的灵魂是如此孤独寂寞。幸好,在这个世界中有这样一种情感存在,它给人以温暖,以陪伴,以安慰,以力量。它在黑夜里给人亮起满天的星光,在夏日撑起一片绿荫,在冬天雪中送炭,在丰收的季节与人共享欢愉。它就是:友情。

因为友情,原本陌生的人成为惺惺相惜、没有血缘的亲人;因为友情,独自在举目无亲的异乡奋斗,心里就再不空空荡荡,无所牵挂;因为友情,个性得到理解,痛苦得到安慰,错误得到包容,万念俱灰的时候会有人搂着你的肩膀真诚地告诉你:"相信我,你能行!"

所有的情感中,友情来得最为纯粹,它不因亲情起于血缘与责任的束缚,也不似爱情带着激情和占有的欲望。它可以只源于一次愉快的谈话、一次默契的巧合、一次游玩的经历,却以此为种子,生长为最茂盛的树木。

友情是水,不像茶越冲越淡,也不像酒甘甜可口,却在宿醉后让人痛苦不堪。真挚的友情并不喧哗,而是默默地带走你身心的燥热。

有一个年轻人因为一场车祸去世了,遇到天神时,他问道:"在我们的世界里，有许许多多的关于天堂地狱的说法，你能不能让我看一下真正的天堂与地狱有什么区别？"天神见年轻人很真诚，就答应了他的要求。

他们先来到地狱，年轻人感觉到浑身冷得瑟瑟发抖，地府中寒气逼人，看见的都是骨瘦如柴、饱受饥饿的灵魂。"为什么他们都这么瘦呢？好像一副没吃饱的样子。"年轻人有些害怕地问天神。

"你看那边！"此时，一群灵魂围在一个巨大的锅旁，锅里煮着美味的食物，他们每个人都争先恐后地用勺子盛食物，送到自己嘴边，可是他们手里的勺子太长了，吃到口里的远没有掉到地上的多，人人又饿又失望。

接着，天神又带年轻人来到天堂。一群灵魂正在一个巨大的锅旁吃饭，他们手上的勺子也很长，可是人们都是把盛上食物的勺子送到对面人的口中。你喂我，我喂你，他们人人都能吃饱饭，所以个个脸色红润，身体健康。

看到这个情景，年轻人顿时明白了天堂和地狱的区别。

友情的真意就是分享，朋友就是与你分享一切的那个人，被朋友包围着，就如同生活在天堂里，因为每个人都在付出，都在与他人分享。

友情的可贵，就在于它的真诚和无私。真正的朋友不一定是最常陪在我们身边、最常赞美我们、最常赠送礼物的那个，却一定是在我们需要时扔下自己的事情出现的那个，是当我们被冤枉、被误会时站出来为我们说话的那个，是我们身处困境毫不犹豫出手相助的那个。

真正的朋友，也许不是会在我们哭泣时安慰我们的那个，却是会陪我们一起掉眼泪的那个；也许不是会在我们成功时在我们身边祝贺的那个，但是会在我们失败时第一个安慰的那个；也许不是会在我们面对困难时说"你要加油"的那个，但一定是会说"我能帮你什么"的那个。

真正的友情不能掺杂虚伪。缺乏真诚，内心就会生长芥蒂与隔膜，人与人之间就难以沟通，友情也就无从谈起。只有真诚，才能带来对彼此真切的关怀和理解，才可能同舟共济，同甘共苦。

真情患难的朋友就像亲人，而更为难能可贵的是，他们与我们本没有血缘关系，仅仅是靠一份患难与共的情谊联系在一起。这就足以让我们把自己的真心回报给他们，用一生的时间和真情来培养这朵绚烂的友情之花。

灰尘不打扫，会加深友谊的裂痕

俗话说："人心隔肚皮。"我们每个人都只能听到别人说出的话，看到别人做出的事，却无法解读别人内心真实的想法。有的时候，我们本是出于好意，但是，或许因为我们的表达和做事方法不够妥当，或许因为对方恰好从不同的角度进行了理解，总之，误会便由此产生。

被误解是一件很委屈、很令人头疼的事，如果是小的误会倒也罢了，若碰到大的会影响生活或是工作的误会，那就麻烦了。但人生在世，难免有被人误解的时候，这个时候，只知道哭鼻子或者生闷气是解决不了任何问题的。不要指望误会总有一天会真相大白，只有电视剧里才会让误会在结局的时候解开，在现实生活中，有些误会，如果你不主动去澄清，有可能永远也"清白"不了。

有的人以为，如果对方当我是朋友，就该理解我的想法，就不应该去误会我，但事实上，没人能听到你心里的声音，如果你自己不澄清，也没人有义务替你解释。灰尘要及时打扫，而对于落在友谊上的灰尘——误会，也一定要主动去拂拭干净。

所以，在误会产生的时候，赶快跳出来为自己解释清楚，不要让误会越来越大，不要让自己背着沉重的黑锅一路走到黑。

班长新买的德国进口钢笔不见了，找了大半天都没找到。学习委员偷偷告诉他，小亮铅笔盒里有一支钢笔，和他那支一模一样。小亮是班长的好朋友，钢笔丢失的前一天小亮恰好去班长家玩过，班长听了自然也怀疑起小亮来。

这话一传十十传百地传遍了全班，小亮隔天才知道同学们都在怀疑他偷了班长的钢笔。

小亮觉得自己很委屈，他们家虽然没有多少钱，可这支钢笔确实不是偷的，是在国外留学的姑姑送给他的，他昨天上学时刚放进铅笔盒里。小亮很想告诉班长，他没有偷东西，可是又觉得"你既然是我的朋友，就应信任我，你这样误会我，我又凭什么要主动低声下气地去和你解释"。

这样一想，小亮便把心里的话忍了下来。可是，班上同学始终怀疑他偷了东西，而班长和小亮也不再是朋友。小亮每天都生活在挣扎中，只希望事情能早一点真相大白。

小亮这样傻乎乎地等着真相自己大白，要等到什么时候啊。若是偷东西的人永远没被发现，或是班长自己不小心弄丢了钢笔，那小亮岂不是要永远背着这个耻辱的黑锅。小亮太软弱了，做事不够主动，沟通能力也有所欠缺，这势必会为他带来各种麻烦和委屈。如果他能勇敢些、主动些，不仅完全可以为自己洗刷"罪名"，还能保住自己和班长之间的友谊。

在解释误会时，如果单靠我们自己的一张嘴或许还有些不够分量，想要让解释被大家所接受，可以借助第三方来为自己做证。

由于品学兼优，汤姆破格被一家皇家学院录取了。在皇家学院读书的大多是富有人家的孩子，只有汤姆是贫穷的。当他穿着一身破烂的衣服，拖着一双比他的脚大很多的旧皮鞋从校园里走过时，有几个富家子弟围住他，诬陷他说他那双大皮鞋是偷来的。事情传到学校管理员耳朵里后，汤姆被叫到了办公室。

看到管理员一直盯着自己的皮鞋看，聪明的汤姆很快就明白过来是怎么回事了。他飞快地去了趟教室，之后把一封信递给了管理员。那封信是汤姆的爸爸写的，上面只写了几句话："亲爱的汤姆，我感到十分抱歉，家里太穷，无法给你弄套像样的衣服，连给你的鞋子都是我穿了好几年的。但愿再过一两年，我那双破皮鞋穿在你脚上不再显得那么庞大。当有一天你事业有成了，我也会备感荣耀的，因为我的儿子是穿着我的皮鞋奋斗成功的。"这封信让管理员深受感动，他第一时间向汤姆道歉了，并训诫了那几个恶意诬陷的学生。

汤姆不愧是个聪明的孩子，他头脑很清楚，不会让"偷窃"这项莫须有的罪名扣在自己头上。当管理员怀疑自己时，他没有面红耳赤地急于为自己辩解，而是把父亲的信呈了上去，他知道信里的内容足以说明一切。事实也确实如此，那封饱含深情的信就是洗刷汤姆冤枉的最好证据。我们有理由相信，聪明的汤姆总有一天会成为一个卓越而成功的人。

　　当然，不是所有误解都要费尽心思地去解释清楚，如果是微不足道的误会，或是因别人的无心而引起的误解，就没有必要非得立刻证明自己是清白的。把所有事都放在心上，会让心情变得沉重。

每人眼中，有不同风景

　　有一千个读者，就有一千个哈姆雷特。

　　人与人生长环境不同，受到的教育不同，年龄不同，性格不同，思维方式不同。对于同样一件事，有人看到了A面，有人看的是B面，还有人根本看不到这件事。因此，有人说A是解决方法，有人说B是问题出路，还有人根本不理这个茬儿，直接绕过这件事。你能说得清谁对谁错？不同的人看到不同的风景，能尊重别人眼中的风景，这个世界上人与人之间的争执就会少很多。

　　有时候他人对自己的心意就像你收到一件礼物，拆开包装，不一定是你喜欢的样式和颜色，也许你会气愤，为什么别人无法察觉你的脾气和喜好？那分明是显而易见的，一定是对方不肯动脑筋，不够用心。其实，这种想法冤枉了那些人。我们经常听到有人抱怨身边的人不理解自己，他们忘记身边的人不是他肚子里的蛔虫，知道他的每一个想法，他们也只能按照自己的考虑去理解、去关心。而享受到这种关心的人，即使与自己期望中的有差距，也只能在沟通方面多下功夫，而不该随意抱怨。

一个已婚女人对自己的母亲抱怨说，所有人都不理解她，丈夫嫌她唠叨，孩子说她多管闲事，就连单位同事都嫌她工作太积极，让大家不得不跟她一起积极表现，每周要多加一天的班。"难道我想让他别错过那单生意，让孩子抓紧复习物理，在工作上多做一点、得到更多的奖金有错吗？"

母亲说："你想的没错，但你不能要求别人一定要理解你，理解你并不是别人的义务。何况，你以为你是在为他们考虑，他们却有自己的考虑。你干涉了他们的计划，他们怎么能不对你有意见呢？"

"可我为他们的付出，他们难道看不到吗？"女人不甘心地问。

"他们看得到，所以才不忍心责备你，你要想想他们究竟需要什么，而不是给他们带去麻烦。你不理解他们，又怎么能要求他们理解你？"一席话说得女人哑口无言。

每个人都渴望他人对自己的理解，当自己的好心被人误解、不尊重，人们难免伤心抱怨。故事中的女人不明白尽心尽力地为他人着想，为大局着想，为什么换来的只是别人的嫌弃和不领情。女人的妈妈却说，有问题的不是别人，而是她自己的思维。

别人眼中有别样的风景，遇到想法不同时，不要急着否定别人，试着站在别人的角度想一想，体恤对方的难处和不易，理解对方的角度和立场，如此，才能建立起良好的人际关系。

在现实生活中，为了生存、为了竞争、为了自尊等原因，每个人都要为自己的利益努力，遇事首先要考虑的就是自己的利益。但为自己考虑并不意味着丝毫不为其他人考虑。恰恰相反，只有那些会为别人考虑的人，才能在困难时候得到大家的帮助，渡过难关。因为这个人的善良、友好已经被别人牢记，受过他的照顾，自然会想在他困难的时候报答他。

良好的人际关系不仅能帮助自己成长，渡过各种难关，还是开拓事业的助力、幸福生活的保障。在事业上，人缘儿好可以让人得到各种各样的信息和资源，通过朋友结识朋友；在生活上，愉悦的人际关系能够减少摩擦，保证自己做事更加顺利。越来越多的人开始重视人际关系，人们发现想要改善人际关系并不困难，关键在于你会不会从别人的角度出发，看看别人看到的风景。

几个老同学在酒店吃饭喝酒，气氛很热闹。其中一个最近刚刚做成了一笔生意，得意地向朋友们吹嘘。在座其他人难免附和着吹捧他，只有一个人脸色不太好看，喝了几杯就找个借口告辞了。

那个人走后，其他朋友忍不住说："都是老同学，我们说话不用客套，老高最近生意不好，欠了一大笔债，你怎么能在这个时候对他说你生意好？"

尽管人们总是强调人与人之间应该互相体谅，但常常一高兴就忘记了旁人的心情，一不注意就伤害了别人的自尊。当你看到的是一片即将丰收的金黄色麦田时，你可想到，旁人看到的却是一片凄凉之景？

如果每个人都懂得换位思考，愿意站在别人的角度考虑问题，就算不能对别人有所帮助，也能让自己更了解他人，更了解问题的所在，不致因偏见发生错误，因误会产生不和。换位思考是改善人际关系的第一步，也是最有效的方法。

与人相处时，我们需要尽量抛除偏见和不满，努力站在他人的立场，想想他人的需要，在这个基础上，语言就会更温和，态度也会更友好，有时候会放弃自己的一点利益成全别人。就像一位名人所说："为你赢得成就的不是你的成功，而是你为别人做了什么和你那颗善良的心。"

疏通堵塞心灵的淤泥

在生活中，我们每天都面对着各种压力、烦恼、挫折、不顺，而一些负面情绪也伴随而生。有些人不懂得适当疏导这些情绪，而这些负面情绪在心中积攒得多了，便容易产生一些心理上的疾患。其实疏导内心就如疏导河道一样，"堵"是解决不了问题的，要学会倾诉，和信赖的朋友适当"倒倒苦水"，那些原本压迫心灵的负面情绪也就不翼而飞了。

每个人都需要一个倾诉的对象。倾诉，不只是将心里积压的委屈、愤懑、烦恼一一道出，更是朋友间相互交心，增进了解和信任的过程。同时，在倾诉的过程中，原本想不通的事，也许不需要别人指点，自己也就慢慢想通了。

有这样一句流行语："能说出来的委屈就不是委屈。"其实这句话真正的意思应该是，那些原本似乎解决不了的委屈，在我们倾诉的过程中，也就得到了释放，也就随之想开，而委屈自然也就不复存在了。

不过，对于有些人来说，他们从小受的教育就是，把委屈默默咽下，他们不会轻易把自己的委屈说出来，只是选择默默承受，一个人静静疗伤。而长期这样压抑自己的情绪，就会导致抑郁。另外，受了委屈不说，不仅自己不好受，也会让关心自己的人担心。

夏天一过完，青青就要去上小学了。虽然小学离家不远，但青青的妈妈还是时常担心女儿。不是妈妈太敏感，而是青青是个很内向的孩子，受了委屈，只会暗自掉眼泪而从不说出来。

一天，妈妈下班后，见到青青一个人坐在沙发上发呆，问她怎么了，她也不说。妈妈去问青青的奶奶，奶奶说，放学接她时眼睛就红红的，怎么问也不肯说到底是怎么回事。妈妈再去问青青，青青就开始哭了，一边哭一边委屈地看着妈妈，就是不肯说原因。

还有一天，是个周末，青青和另外一个小姑娘在楼下玩踢毽子，青青妈妈和那个小姑娘的妈妈就坐在离两个孩子不远的地方聊天。不一会儿，青青哭丧着小脸跑到了妈妈身边，妈妈一问她怎么了，她就哭了起来。接着，另一个小姑娘也扑到了妈妈怀里，向妈妈哭诉说："青青把我的毽子踢坏了，还不承认，我再也不跟她玩了。"

青青听到那个小姑娘的话后，小拳头攥得紧紧的，哭声也更大了。青青妈妈知道宝贝女儿受了委屈，很想问女儿事情到底是怎么回事，是不是被冤枉了，但青青什么也不为自己辩解，就知道哭。

在生活中，像青青这样的小孩有很多，不光小孩，很多成年人都是这样，有什么委屈就憋在心里，任别人怎么问也不肯轻易说出来。不肯把委屈说出来并不都是一种隐忍的表现，很多人会因为懦弱、内向或自尊心强而选择沉默，比起亲口说出委屈，他们更倾向于让身边的人去猜测自己所受的委屈。然而，就算再亲的人也无法完全了解他们的真实想法，到最后，事情还是不能解决。

在受到委屈时，就应该发泄出来，大声说出来。当你将自己的委屈向身边的亲人、好友倾诉时，你会感觉轻松很多。

珍妮是个乖巧、善良又漂亮的女孩，从小就受到很多人的喜爱，男朋友杰克更是将其视如珠宝。不过，珍妮也有个缺点，凡事爱憋在心里，受了委屈就不说话。

年底了，杰克公司要举办年会，他便带着珍妮一起去了。刚吃完饭，杰克被同事拉去唱歌了。唱了两三首歌，杰克再次回到珍妮身边，却发现珍妮眉头紧皱，眼圈发红，俨然一副快哭的样子。杰克慌了，赶忙问她怎么了，珍妮却把脸扭向一边不理他。杰克挪动身子，对着珍妮的脸欲要再次开口，珍妮却无声地哭了起来。杰克心疼地为她抹眼泪，珍妮把他的手一甩，直接跑走了。

过了好多天杰克才弄清楚，原来那天他跟一个女同事唱歌时，女同事一直搂着他的脖子不放，珍妮看到了这一幕，便一直觉得委屈。好劝歹劝，终于把珍妮劝好后，又发生了一件让杰克头疼的事。

珍妮随杰克去参加他的同学会，一整天，大家都谈得很高兴。但是离开时，杰克发现珍妮的脸色已经没有刚来时那么好了，一路上，杰克一直试图跟珍妮聊聊天，但珍妮的脸色却越来越阴沉，并且始终沉默着。

跟以前一样，无论杰克怎么询问，珍妮就是不说。哄了好半天，珍妮才说，杰克一位女同学带来的男朋友在即将散场时摸了她屁股一把，还色色地盯着她看了很久。杰克立刻柔声安慰女友，并给自己那位女同学打了电话，提醒她小心自己的男友。

最后，杰克对珍妮说："你是个从不喜欢抱怨的女孩，这点，我很为你感到骄傲。但是，如果你受了什么委屈，我希望你能大声说出来。说出来了，我才能知道你的想法，才能帮你分担。"

珍妮哪里都好，却是个不会倒苦水的闷罐子，她这样不仅让自己难过，还害得关心她的杰克烦恼不已。把委屈闷在心里，往往会让心灵更加沉重，让自己更加难过。想要让自己不再那么难过，让关心自己的人不再担心，就应该大声地把委屈说出来。

当和你相恋多年的爱人，说变心就变心时，你要将委屈说出来；当你的老公宁愿和刚认识的同事煲几个小时电话粥也不愿和你多说一句话时，你要将委屈说出来；当你付出努力却始终得不到回报时，你要将委屈说出来；当为人付出，对方却不知道感恩时，你要将委屈说出来；当朋友一直让你替他背黑锅时，你要将委屈说出来……

每个人都需要一个倾诉对象。当你向身边的亲人、好友倾诉委屈后，你会发现，你不再是一个人独自承担，委屈给你带来的痛苦也顿时减少了很多。要知道，那些和你一起笑过的朋友也许会离开，但是愿意听你倾诉，能和你一起哭的朋友，却会伴你一生。

用对手激发潜能

一个人永远不会知道自己能跑多快,除非身后有一只猛虎在追;一个人也永远不会知道自己的事业究竟能达到怎样的高度,除非有一个强劲的对手和自己相互竞争。

如果人生是一场赛跑,那么朋友就是你的啦啦队,他们永远给你鼓励、给你支持,让你即使在落后的局面仍不放弃;而对手却是你不断超越自己不断向前飞奔的动力,让你在这场比赛中成就最辉煌的自己。

今年30岁的马瑞事业有成,当记者问起他的成功之道时,他毫不犹豫地回答:"因为我擅长向对手学习。"

从小学开始,马瑞就擅长给自己寻找对手,他始终盯着班上学习最好的学生,观察他的听课方法、解题思路、阅读书籍,按照对方的方法加倍努力。从小学到高中,马瑞靠着向第一名学习,取得了优异的成绩。到了大学,他给自己确立了更多的对手,也学到了更多的东西。进入社会以后,这个方法更让他如虎添翼。马瑞认为一个优秀的人应该博采众长,从对手身上能学到最优秀、最有用的东西,再加上好胜心,自己会格外努力。

马瑞又说,对手并不是敌人,他和其中几个对手是无话不谈的好友,直到现在还保持联系。

提起对手，人们最先想到的都是敌意、竞争这些词语，事业有成的马瑞用自己的经验告诉他人：对手不一定是敌人，相反，他们会给你最多的启示、最大的激励。马瑞从小学就在对手身上学习优秀的习惯，他的成功既来自自身的努力，也来自他为自己选择了好的对手。

想要获得成功不是一件容易的事，除了一股不服输的精神，还要为自己寻找适当的目标，以对手的成就激励自己，努力突破。这个"适当"需要用心把握，目标太高，容易产生心理落差，目标太低，胜利太过简单，没有难度。一个人想要出人头地，一定会遇到对手。就像在同一个跑道，你很努力地向前跑，却发现有些人始终在你前面，无论你怎样加劲也无法超过他们，这样的人就是对手。对手会给你带来更多的磨难，甚至会导致你的失败和绝望，但是，没有对手的人生是寂寞的。就像金庸笔下的独孤求败，走遍大江南北想找一个对手，却只能每天面对着悬崖绝壁，与神雕为伴，体会高处不胜寒的孤寂感。

在拳击运动员的圈子里，年少的拳击手们梦想着有一天能够站在擂台上，擂台的另一边是泰森或者霍利菲尔德，因为能与世界拳王打擂台，证明他们也有拳王的潜能。在拳击界，一个能够选择对手的人才有真正的实力。对手的强大恰恰能体现他的价值，证明他的优秀，想要进步的人善于寻找对手，定下的目标越高，就越有拼劲，越能激励自己，甚至学到最多的东西。

想要超过对手，先要学习对手。从对手那里我们可以学到更多的东西，能够被我们视为对手的人，在某些方面一定比我们强上很多，这个时候，对手就是现成的学习样板，我们可以本着"拿来主义"的精神，直接将他们优秀的经验消化吸收，还能够从他们的失败中总结教训。学习对手的优点，不犯对手的错误，是很多人的成功法则。当一个人掌握了对手的全部优点和缺点，知己知彼，自然能百战百胜。

对手并不是敌人，有可能是亲密的朋友，有可能是自己的亲人、爱人，只要发现有人在某一方面非常优秀，自己也想要达到那个人的标准，都可以将那个人视为对手，以此激励自己。一个善于选择对手的人也善于定位自己的人生，他选择的对手就是他追求的价值。要感谢我们的对手，他们的存在不断地激起我们的斗志，磨砺我们的韧性，使我们的人生更加精彩、更加丰富。

第十章

总有一天，你会对过去的伤痛微笑

当你沉浸在过去的伤痛中不能自拔,当你沉浸于过去的悲伤中不能自已……请记住,时间是最好的良药。

风雨中微笑

　　人的一生中，有阳光明媚的白天，也难免有凄风苦雨的夜晚。当不幸降临时，我们可以选择蜷缩在角落哭泣，也可以用坚强的心给自己点上一盏明灯。

　　世界上没有迈不过去的坎儿，即使是喜马拉雅山，也有人可以站在山顶征服它。不幸也好，困境也好，对于没有足够勇气挑战它、足够毅力征服它的人来说，就是一道不可逾越的高墙；而对于有着坚强内心的人来说，它更意味着一道门，通往人生崭新的境界。

　　的确，不幸的降临会让人感到委屈和沮丧，但委屈和沮丧之后，不要忘记要努力地去和不幸抗争。不管怎样，我们要认清楚这样一个真理：无论生活是公平的还是不公平的，都应该坚持自己给自己公平。是的，没有人能解救我们，真正帮我们从不幸中解救出来的只有一颗坚强勇敢的心。

　　顾城说："黑夜给了我黑色的眼睛，我却用它来寻找光明。"人生中难免有人在屋檐下的时候，也有目标远在天边似乎遥不可及的时候，然而这些都不是放弃的借口。在黑夜也依然会有坚强的人点亮孤灯而行，而如果你因自己的软弱熄灭了灯，你又有什么权利埋怨夜的漆黑？

　　海伦·凯勒在一岁半的时候因发高烧差点丧命。她虽幸免于难，但她再也看不见、听不见，接着她又丧失了语言表达能力。万幸的是，她并不是个轻易放弃的人。

她去触摸、去嗅各种她碰到的物品。她模仿别人的动作且很快就能自己做一些事情,例如挤牛奶或揉面。她甚至学会靠摸别人的脸或衣服来识别对方。她还能靠闻不同的植物和触摸地面来辨别自己在花园的位置。

海伦靠手指来感受家庭老师莎莉文小姐的嘴唇,用触觉来领会她喉咙的颤动、嘴的运动和面部表情,甚至在听不见的情况下学会了说话。最终她凭借自己的努力考入了美国哈佛大学的拉德克利夫学院。在大学学习时,许多教材都没有盲文本,要靠别人把书的内容拼写在手上,因此海伦预习功课费的时间要比别的同学多得多。

就在这黑暗而又寂寞的世界里,海伦以优异的成绩毕业,成为一个学识渊博,掌握英、法、德、拉丁、希腊五种文字的著名作家和教育家。她的《假如给我三天光明》感人至深。之后,她走遍美国和世界各地,为盲人学校募集资金,把自己的一生献给了盲人福利和教育事业。她赢得了世界各国人民的赞扬,并得到许多国家政府的嘉奖。有人曾如此评价她:"海伦·凯勒是人类的骄傲,是我们学习的榜样,相信众多的有疾病而聋、哑、盲的人都能在黑暗中找到光明。"

海伦·凯乐有一颗坚强、乐观的心,尽管在她的生命中有过很多不幸,但她并没有向命运屈服。她以自己不息的奋斗告诉我们:不管遇到什么样的不幸,我们都要用坚强的心向命运发起挑战,要用自己的肩膀和双手将自己从不幸中解救出去。

那些将不幸打败,并最终走向平坦大道的人会告诉你:不幸并没有那么难以打败,只要学会坚强,学会在风雨里微笑着前进,并积极地去学习、去创造，就一定会把自己从糟糕的生活中解救出来。

巴尔扎克说过："不幸对于懦夫是万丈深渊。"在这个世界上，没有人想做懦夫，但很遗憾，因为实力不济、意志力不坚定，千秋万代的懦夫总是层出不穷。懦弱使他们一次次掉进万丈深渊，轻则受伤，重则万劫不复。

正在苦难中煎熬的你是要做勇往直前的勇者，还是做退缩不前的懦夫呢？懦夫容易做，只不过一旦做了，就注定一辈子无法从不幸的泥淖中走出来。做勇者虽然苦些、累些，但只要咬牙坚持一下，就能亲手改变自己的命运，让自己获得幸福。

冬天来了，春天不会远

在有生之年，我们都难免会遇到不如意之事、无能为力之事，对此我们无法选择也无可逃避。如果我们不想在怨天尤人里郁郁而终，那么，就勇敢地接受命运，学着做一株向日葵，无论开在怎样的泥土中，都勇敢地抬起头，向着太阳的方向开出花来。

走到十字路口处，看到前面拥挤不堪的时候，我们都知道适当地转个弯。但是，当人生路上不称心、不如意的事情出现的时候，由于许多人并不懂得让自己的心情转个弯，所以只会看到事情阴暗的一面，而看不到其光明的一面，自然也就失去了很多快乐。

在逆境面前，我们究竟应以怎样的心态来面对呢？如果你建立伤感而又自卑的心态，那么你的命运就会随着你的坏心情而"失足"；如果你建立乐观而又自信的心态，那么你的命运就会随着你的好心情而180度大转弯。总之，只有心情转弯，我们才能寻找到快乐。

杰里担任某饭店的饭店经理一职，他每天的心情都非常好。每当有人问及他的近况时，他总是这样回答："我快乐无比。"

如果他的同事遇到了烦心事，他就会告诉对方应积极地看待事情好的一面，并且，他还将自己的深切体会告诉大家："每天早晨醒来，我做的第一件事就是对自己说，杰里，选择心情好还是选择心情坏，由你自己来决定，于是我每天都会选择心情愉快。如果哪天发生了糟糕的事情，我总是选择'要从中学些东西'，而不在乎得失。其实人生的选择也是如此，由你自己选择怎样去面对挫折和困难。说到底，选择怎样面对人生的人是自己。"

有一次，杰里忘记了关后门，被三个持枪的歹徒拦住了，那时的情况非常危险，最终失去理智的歹徒竟然朝他开了枪。

值得庆幸的是，由于发现及时，杰里被送进了急诊室。经过18个小时的抢救和几个星期的精心治疗，他出院了，在他的身体里，还留下了少量的弹片。

半年时间过去了，有位朋友见到了杰里，打听他的身体情况，他说："我快乐无比。要不要看一下我的伤疤？"

那位朋友于是看了下杰里身上留下的伤疤，然后问："当时你想了些什么呢？"

杰里回答道："当时，我被子弹击倒在了地上，我对自己说有两个选择，一是死，一是生。最终，我选择了生。当医护人员将我推进急诊室以后，我从他们的眼神中读出我确实有生命危险，于是我决定需要采取一些行动。"

朋友接着问道："你采取了什么行动呢？"

杰里回答："当时，有个护士大声问我是否对什么药物过敏时，我立即回答'有的'。当时，病房里全部医生和护士都等着我后面的话，我深深地吸了一口气，大声吼道'子弹！请你们将我当成活人来医治，而非死人'。"

听完杰里的回答后，这位朋友终于明白了他最终活下来的原因。

杰里的故事说明了这样一则哲理：让心情转弯即能决定我们生活中的一切，你认为生活是美好的，生活就会以美好的姿态展现给你；你认为生活是黯淡的，生活就会以可憎的眼神看着你。说到底，命运实则为一种选择，如果选择消极地看待发生的一切，一切将会变得黯淡无光，更没有什么快乐可言；如果选择积极地看待眼前的所有事实，一切将会变得具有生机和活力，自然也会很快找到快乐。

雪莱有句诗："冬天来了，春天还会远吗？"

人生有高潮就总会有低谷，当我们发现自己处在人生最黑暗的夜晚、最严寒的冬天时，不要惊慌。最深的黑暗总出现在黎明之前，而最寒冷的冬天过去，春天就会到来。因此不要灰心，更不要绝望。人要懂得屈伸，当身处困境之时，就当以最大的意志力挺住。这个世界上没有永无止境的黑暗，也没有等不来春天的冬天。种子被埋葬进黑暗的土里，最终却向着太阳开出明媚的花朵，人生也应如此。

当我们面前有影子的时候，不要害怕，因为这说明我们背后有阳光。如果选择人生的反面，你的一生注定会被郁郁寡欢所充斥，最终难逃失败的宿命。一旦选择了人生的正面，就一定要充满自信，乐观十足，而不要双眉紧锁，唉声叹气。总之，要想最终取得成功，就要选择转换自己的心情，毫不犹豫地选择人生的正面，让快乐永远被自己掌握和主宰！

看开，放下，给心灵自由

"风来疏竹，风过而竹不留声；雁过寒潭，雁去而潭不留影。故君子事来而心始现，事去而心随空。"生活中有很多东西就是如这过疏竹的风、过寒潭的雁，无论我们怎样努力也抓不住。其实，万物到头来都是一场空，与其执着于不可得之事，不如放宽心胸。当你将双臂紧紧抱在胸前的时候，你什么都得不到，而当你张开双臂，你就拥抱了整个世界。

生而为人，很多事情我们都无法选择，我们不能选择自己的出身，不能选择自己的境遇。每个人都想成为温室中名贵的牡丹，然而若天不遂人愿，那么就放下执着，来一点蒲公英的精神，无论落在怎样的境况，都可以随遇而安；无论落入多贫瘠的土壤，都努力地向深处扎根，美丽地向天空开放。如此，便也可以拥有自己的芬芳与美丽。

有一个从小喜欢计算机的年轻人，在十年寒窗后如愿考入了某大学计算机专业，然而毕业时却赶上计算机行业人才饱和，一直找不到工作。为了生活，他不得不放下计算机梦而转行去做了销售。

因为梦想未能达成的失落，年轻人总觉得自己做销售是屈了才，工作时心里总是充满了委屈和不甘，业绩也一直不好。而业绩的不佳使得年轻人在自己的岗位上干得更加无味，眼看同事一个个买车买房，自己还是勉强温饱。

年轻人逢人就抱怨自己怀才不遇，每天去工作都觉得是种痛苦。

后来一位长者听了年轻人的抱怨，就劝慰年轻人说："既然你现在的工作是销售而不是计算机，那么你再恨现在的工作也无济于事，只能平添烦恼。不如随遇而安，接受现在的工作，把计算机当作爱好，也许在工作之余还能做出成绩来。"

年轻人听了老者的话，反思了自己之前的态度。他开始认真对待起现在的销售工作，并且利用自己对计算机的知识，开发了一款可供消费者对他所销售的产品进行全方位了解的软件。这款软件使得公司的业绩一路上升，而他的才能很快就得到了老板的赏识，老板为此特地设立了一个IT部门由他来负责。他的计算机梦也就由此得到了实现。

放下执着、接受现状是一种智慧的生活态度，它可以使人保持一颗平静的心，使人能够理性地去看待生活和工作中的得与失、起与落。只有走出自己抱定了的执念，才能在各种逆境中"失之东隅，收之桑榆"。

放下执念，就是换个角度、换个心态看问题，心灵获得自由，生活也就有了无限可能。

有一家饰品公司招聘员工，面试的终极题目是把梳子卖给和尚，业绩突出的会优先录取。最后，有三个人闯到了最后一关。

老板对这三个人说："以十日为期，你们谁卖得多，我就录取谁。"

三个人各自离去，日升日落，眨眼间，十日之期已到。

老板问甲："你卖出去多少，怎么卖的？"

甲回答："我卖了1把。您知道吗，我可是历尽千辛万苦才找到了一家寺庙，可是那里的和尚凶悍得很，我刚开口说要卖梳子，他们就又打又骂地把我赶了下来。要不是我在回来的途中看到一个挠头皮的小和尚,我连一把都卖不出去。那个小和尚兴许是很久没有洗头了,痒得很,我这才得了空。我觉得您的策略是不对的,您不应该让我们向那些和尚推销梳子。"

老板不置可否,步子前移,问乙:"你卖出去多少,怎么卖的?"

乙面带骄傲地回答:"我卖了10把。我去了一座高山上的古寺,因为山上风大,香客们进入殿中拜佛烧香时,头发难免凌乱。我劝说住持,出于对佛祖的恭敬,应该在每座殿里都放把梳子,以便香客们整理仪容。因为寺中有十座殿宇,住持便向我购买了10把梳子。"

老板嘴角微抿,步子移至丙面前,问道:"你卖出去多少,怎么卖的?"

"我卖了1000把。"此言一出,众人皆惊,丙继续说,"我去了南方一所香火极旺的古刹,那里的香客每天都络绎不绝。我对住持说:'来这里的每一个香客都有一颗虔诚的心,宝刹应有所回赠,保佑其幸福安康,我这里有些许积善梳,如不嫌弃,可作为赠品送给香客。'住持是一位慈祥且明事理的老人,他没有多说什么就从我们这里购买了1000把梳子,并且热情招待了我。"

这个故事告诉我们,当我们执着于唯一的方法时,我们只能得到唯一的结果;而如果我们放下执念,换个角度灵活地去看待问题,所有的难题都可以迎刃而解,所有的绝境也都有了逃离的通道。

当上天给你出了一道看似无解的难题,让你的生活变得不顺利时,不要急着去埋怨、去绝望;放下自己长久以来执着的东西重新审视自己的境遇,也许你会发现,造成你的困境的仅仅是你的执念,是你看不开、放不下。如果换个角度放下执着,你会发现,你以为失去一切的绝境,原来是拥有一切的开始。

爱别人，更爱自己

在繁忙的都市生活下，很多人似乎有一个通病，全身心去爱别人很容易，要多关心自己一下却很难。结果虽然身边人人提起自己都是交口称赞，自己却活得又累又疲倦。

人不仅要向他人奉献自己的爱，也应该多爱自己一点点。爱自己，不是自私自利，不是自我姑息，不是自我放纵，更不是夜郎自大的无知，而是源于对生命本身的崇尚和珍重。只有懂得爱自己，才能懂得爱的责任；因为只有多爱自己一点，才更有能力去爱别人；因为多爱自己一点，爱才会更有意义。

爱自己，首先要爱惜自己的身体，重视、珍惜、照顾好自己的身体，学会劳逸结合，不要因为工作而过度劳累，建立规律健康的生活习惯，保持健康的心理状态，定期进行健康检查有病及时治疗等。健康是人生的第一财富，有了健康的身心才有可能谈得上事业有成、家庭幸福，才能憧憬美好的未来。

王小蓓是一个十分温柔贤惠的女人，她认为一个好妻子就该做好贤内助。为了能尽量多陪陪先生和儿子，她将自己的个人活动都拒之门外，皮肤也不做保养了，化妆就更不用提了，甚至连个人兴趣都放弃了，除了上班就是在家围着先生和儿子转，精心打理家里的一切大小事情。去商场逛街，她满脑子想的是给老公孩子买什么，即使自己相中了某件衣服也都是犹豫片刻便跑到别处去了，因为这件衣服的价格足够给孩子买很多好吃的……她真是整个身心都扑在这个家里了。

可是，王小蓓的先生并没有珍惜她，他在外面有了其他的女人，他的理由是："她整日忙碌于家务，每天一副不修边幅、邋里邋遢的样子，而且一点兴趣爱好也没有，和她在一起很无聊，生活枯燥无味……"王小蓓做了多年的贤内助，耗光了自己的青春年华，最终等来的只是一纸离婚协议。她猛然发现，自己已经失去了很多。

综观身边那些不幸福的人，皆是他们不懂关爱自己、失去自我的缘故。这并不难理解，一个人若连自己都不爱，倾其所有，牺牲自我，这种爱会变得越来越卑微，别人又怎会瞧得起你，把你当回事呢？卑微是留不住人心的。

爱自己就是要自助，面对生活中的苦难和不幸，你首先要自己学会承担，自己拯救自己，尽全力替自己解围。不难想象，在人生中的某一时刻，你的身旁恰巧没有关心你、愿意倾听你心声的人，你是孤立无援的。如果傻傻地站在原地，等待别人的救助，那么只会让自己陷入痛苦的深渊，又岂会有幸福而言？

爱，要多给自己一点点。因为你很重要，你就是你能拥有的全部。你存在，才会感到整个世界存在。你看得到阳光，才会感到整个世界有阳光。正如一位哲人所说的："不要再等待别人来斟满自己的杯子，也不要一味地无私奉献。如果我们能多爱自己一点，先将自己面前的杯子斟满，心满意足地快乐了，自然就能将满溢的福杯分享给周围的人，也能快乐地接受别人的给予。"

一个老华侨在国外曾独自奋斗多年，如今终于决定回国与家人团聚了。

在为他送行的晚宴上，有朋友问，这么多年感触最深的是什么？老华侨回答："凡事多爱自己一点！这么多年一个人在外，要不是凡事多爱自己一点，就走不到今天；要不是凡事多爱自己一点，家庭也不会这么美满。"

"这是不是有点自私？"朋友半开玩笑地问，因为在他看来，一个大男人担忧的应先是一家老小的安危，而他却是自己。

"不自私，"老华侨解释道，"家人在家乡遇到了无论是病还是灾，但身边有亲人，担忧是担忧，却总可转危为安。可我不同，异国他乡，要自己做好一切准备，为免于患。"老华侨顿了顿，接着说，"平时对身体好的食物我从来不吝啬，该吃就吃，每个星期日我都会做自己喜欢做的事情，将心中的不快排解出去。每年夏天我都给自己十天假期，去海边游泳，晒太阳，让自己彻底地全身心地放松。正因为这样，我的身体和精神状态一直很好，我可以好好地工作多赚些钱让家人生活得更好。"

老华侨确实应该多爱自己一点，因为他是一家人心中的那座山。如果他不爱惜自己，逼迫自己像陀螺一样不停地旋转、旋转，那么很可能会出现不同程度的身心之患，到时再多的金钱也是枉然。关爱自己，幸福一家人。

懂得去爱别人，也学习爱自己，懂得幸福是自己给创造出来的。这是我们需要学习的一门与幸福息息相关的课题！如果你觉得不够幸福，那么，就多给自己一点点爱，从现在开始先和自己谈恋爱吧！

搏击风雨，翱翔蓝天

有一种石头叫鹅卵石，坚硬、圆滑，在很多方面都有很大的用处，因此也比一般的石头更珍贵一些。同样的石头，为什么鹅卵石有更高的品质，就是因为它在激流中得到了淘洗。

晚来天阴，乌云齐聚，山脚寺院里传来诵佛的声音，一个小和尚却不住溜号，敲木鱼的时候明显节奏不对，时快时慢，似有什么心事。

住持不悦，问小和尚为何心神不宁。小和尚吞吞吐吐，终于说出了原委。原来多日前小和尚上山时，发现一只失去母亲的雏鹰，他看小鹰无依无靠，就给它在山崖上垒了一个窝，让它居住，每日照顾。现在，眼看着大雨将至，小和尚担心小鹰的性命。

"不必担心。"住持说，"雄鹰都能搏击风雨，你护得了一时，也护不了一生。"

一夜暴风骤雨，第二天，小和尚匆忙赶去山崖，没走几步，就看到一只翅膀长好的雏鹰在湛蓝的天空中飞翔，小和尚终于相信了住持的话。

雏鹰的翅膀如何能变得结实？要靠它一次次冲向天空，甚至搏击风雨。正如故事中住持所说，成长是一个人的事，没有人能照顾你一生一世。而风雨就是锤炼的过程，你经历过，战胜过，就成了强者，就有了更多对抗困难的资本。故事中的小鹰在风雨后飞上天空，生活中的我们也同样需要在苦难中洗净铅华。

人们经常为自己的处境产生焦虑心理。世事难以如意，所有的路程都不能一帆风顺，总会出现或大或小的波折，灰心丧气在所难免。特别是自己不论如何努力都做不好，别人却轻轻松松步步高升时，那种焦虑更加明显，足以让人睡不着觉。现代人为什么那么容易失眠？因为他们认为自己机会不多，必须抓紧每一个，所以才会事事担心，希望事事顺利。可是，焦急的结果常常是事与愿违，让他们更加一蹶不振。

苦难是财富，还是屈辱？当你战胜了苦难时，它就是你的财富；可当苦难战胜了你时，它就是你的屈辱。

风雨中，如何保留一颗慧心，让每一次磨难将原本混沌的心境打磨得更圆润、更明晰？这需要你坚定自己的目标，要明白所有风雨不过是锤炼，你不能跟着它东倒西歪，风雨越是猛烈，你越是要抱定目标，不屈不挠。要知道，在乎流言的人，只能被流言拖着走；在乎成功的人，只会向目标奋起直追。还是那句话，你在乎什么，就决定你能得到什么。

被动地接受锤炼，不如主动锤炼自己。一开始就处在顺境中的人，其实比逆境中的人更危险。他们习惯了风平浪静，走得越远，就越不知道如何应对风暴。而那些从逆境中跋涉而来的人，身经百战，早已习惯了周详布局，临危不乱。在年轻的时候，不要追求所谓的顺利，主动去风浪中心接受最强的锻炼，只要通过考验，你会获得一生中最宝贵的财富：经验、勇气、智慧，还有生生不息、不向任何环境低头的力量。

第十一章

决定明天的,不是明天的机遇,而是今天的态度

逝者不可追,来者犹可待。我们唯一能选择的是珍惜现在已有的——那春天美丽的花、夏日清爽的微风、秋天丰硕的果实、冬日和煦的阳光……活在当下,享受当下。

风有风的自由，云有云的温柔

不知道是不是因为小时候看过太多童话，我们总是憧憬着完美的幸福生活。而现实中，总有太多琐碎的烦恼将我们和理想的生活隔开。我们常常因此羡慕着别人，别人的生活似乎总是更加轻松、更加愉快、更加接近我们的理想生活。

然而，谁也不是真正地生活在了无烦恼的天堂之中，那个你羡慕的人何尝不是在羡慕着他人；而你也许不知道，此时你正度过的平淡无奇、漫不经心的生活，又被多少人偷偷地羡慕着。

在日常生活中，我们总是习惯与别人进行攀比，比如与别人比拥有得多与少，过得是否舒心或幸福。当我们与别人比较的时候，自然无法对自己已经拥有的东西或事物进行欣赏，这样我们自然就很难快乐起来。殊不知，只要我们用心地去感受，那么就会发现，其实最精彩的生活就握在我们自己的手中！

从前，有一个农夫终日以砍柴为生。一天，他背着砍完的柴沿着道路回家，路上看到一只受伤的银色的小鸟可怜兮兮地躺在石头上。

这只银色小鸟非常漂亮，羽毛发出耀眼的银光。农夫非常喜欢，就将小鸟带回了家。在他的悉心照料下，没多久小鸟就痊愈了。

银色小鸟在疗伤的过程中，对农夫产生了依恋和感激之情。但是，它能为农夫做的，就是每天唱美妙的歌曲逗他开心。

　　可是有一天，邻居就告诉农夫："你这只鸟有什么好呀，我听说山上有一种浑身都长着金色羽毛的鸟，是世界上最金贵的鸟。"农夫听后便记在了心里，于是他每天到山上砍柴时便四处寻找那只有金色羽毛的鸟。

　　银色小鸟感觉到了农夫的冷漠，于是觉得农夫不再需要它，从此不再唱歌了，最后更是伤心地离开了他。就在银色的鸟腾空飞起的时候，农夫却瞥见了它翅膀下的金色，原来这只银鸟正是邻居口中的金鸟啊！于是，农夫拼命地呼唤着那只鸟，可是它却越飞越远，再也不回来了。

　　农夫拿银色的鸟与金色的鸟进行比较，最终才让自己失去了本已在手的幸福鸟！也就是说，在很多时间，最珍贵的东西都掌握在自己的手中，只要自己用心去体会、去好好把握，便能体会得到。

　　弱水三千，能捧掬而饮的不过一瓢。每个人都有自己的喜乐、自己的伤悲，当你对自己所拥有的一切熟视无睹而羡慕着别人的幸福时，你可知道，在你身后，又有多少人羡慕地看着你拥有的生活？

　　张爱玲说，人生总有红玫瑰和白玫瑰。选择了红玫瑰的，最终总会羡慕白玫瑰的纯净洁白；选择了白玫瑰的，却又会思念红玫瑰的热情娇艳。人生不可能同时走在两条路上，你羡慕别人拥有的东西时，你可知道，你也正拥有着对方不曾拥有的独一无二的人生。

　　幸福不需要攀比。从现在开始摆正你心中的那杆秤吧。不要过分地拿他人的光鲜与自己相比，要学会坦然接受，接受生活中的点点滴滴。如果一味地活在对别人的羡慕和对自己的不满之中，那么你就会陷入迷茫和混乱的生活之中。其实世间万物都有自身的、独有的特点，少点比较，才能感受到其中的乐趣。

有位著名的华裔数学家，他在年轻的时候赴美学习。22岁时，他从美国加州大学毕业。同他一起毕业的同学，为了能够赚更多的钱，都选择留在了美国一些大公司和大企业中。然而，他却放弃了优越的环境和待遇，毅然回国。他很清楚，自己热爱科学，热爱国家，将来一定要做一名国内一流的数学家。

刚回国后，他拿的工资很是可怜。当时他要供养家庭，有时他也会感觉到累，可是他依然坚持自己的理想，在数学研究的道路上艰难地前进。

在30岁的时候，他还依然买不起房子，生活依然平平淡淡，甚至有些艰苦。在几年中，他和家人都住在租来的地下室内，吃着最简单的饭菜。即便这样，依然没能动摇他内心的理想。在这个时候，和他一起毕业的同学已然月收入达到几十万美元，甚至成了月收入百万的小老板。

他看到同学的成就后，并没有因此感到失落。看着他们开着高档的车子，拥着漂亮的妻子，他依然坚持着自己的理想。他知道自己想要的是什么，他要朝着那个目标一步步地走下去。

在35岁的时候，他终于一举攻克了两道世界级数学难题，赢得了世界的赞赏。

看到别人的成功，这位数学家并没有羡慕，也没有眼红，更没有拿自己与他人进行比较，而是依然坚持着自己的理想，最终取得了巨大的成功。

数学家的经历告诉了我们这样的道理：别人的生活也许看起来很辉煌，但那未必适合自己。每个人都有自己的精彩，不必用他们的成绩来衡量自己，也不必苛求自己去超越别人。

人生苦短，需要把握当下

生命比我们想象得更加短暂，当我们在为昨天的过失而懊悔的时候，当我们在为明天的忧虑而担心的时候，人生的大半时光，竟就在这样的瞻前顾后、患得患失中一晃而过了。

要知道，在任何情况下，时间的长河也不会因为我们而停留片刻；四季的轮回也不会因为我们而驻足不前；生命的年轮不会因为我们还未完成的理想而静止……世间万物都有规律可循，生老病死的规律无人可改。唯有面对，唯有珍惜每一个当下的时光，我们才能展望到明天的幸福。

有一个天使很热心、很善良，他时常到凡间去帮助人，希望能够让更多的人感受到幸福和快乐的味道。

一天，天使遇到一位诗人，他的妻子温柔美丽，儿子活泼可爱，还有一群热情善良的朋友，但是他却总是愁眉不展，唉声叹气，看起来十分不快乐。

天使走上前，问他："你看起来十分不快乐，我能够帮助你吗？"

诗人对天使说道："我什么都有，但是只欠一件东西，你能够满足我的愿望吗?"

天使回答说:"可以,你缺少什么呢?"

"我缺少的是快乐!我的儿子太调皮,很不听话,天天把我闹得心神不宁;我的妻子尽管温柔,但是我们没有共同的话题,每天也说不上几句话;我的朋友们更是烦人,有事没事都来家里拜访,打扰到了我的生活……"

妻子、儿子、朋友都不能让他感到快乐,这下子可把天使难倒了。天使想了想,说:"我明白了,好吧,我满足你的愿望。"然后,他将诗人周围的所有人都带走了,只剩诗人孤零零地一个人生活在人间。

一开始,诗人还很高兴,但没过几天,他就意识到没有了儿子的欢闹、妻子对他的体贴、朋友时常对他的鼓励,生活顿时变得凄凉无比,他才知道原来自己的生活是多么幸福。他后悔莫及,觉得自己活在世界上已经没有任何意义了,便准备死去。

正在这时,天使又来到诗人的身边,并将他的儿子、妻子和朋友又还给了他。诗人抱着儿子,搂着妻子,站在朋友们中间,他满脸笑容,不停地向天使道谢,因为他现在得到真正的快乐了。

其实,我们在生活中得不到幸福,是因为我们不懂得珍惜当下我们所拥有的。我们总是想着前方有"天堂",或者想着未来有更好的东西,于是忽视当下所拥有的。殊不知,你本身所拥有的东西正是你能够真正把握住的,只有认认真真地享受当下所拥有的,才能够算得上是真正的幸福。

天地万物,自然轮回,我们生活在这样的一个空间内,必然要遵守生老病死、稍纵即逝的规律。历史不会为我们守候,生命的年轮总是随着日出日落而辉煌、消逝,而幸福的生活就在此刻。只要你能珍惜当下所拥有的,才能享受到生命永恒的快乐。为此，劳累一天，精疲力竭还要加班加点的我们，是否也应该尽快地停下脚步审视一下自己：这样的忙碌是为了什么？我们生活的意义究竟是什么？生命的价值又在哪里？

人生苦短，当我们将脚步慢下来，也许我们就会幡然醒悟，在当下的这一刻，享受当下所拥有的东西，才是上天赐予生命的重要意义。

此刻，是最美的礼物

我们总是寄希望于下一刻的未来，总觉得下一个未到之地会有更美好的风景。行色匆匆中，游览的目的似乎不再是欣赏风景，而是为了到达某地；到达之后也并没有完全融入和欣赏，又急切地赶往下一个地方。如此，我们的心永远处于无法安放的颠簸状态。

下一个景区、下一个假期、下一栋房子、下一份工作、下一个目标……我们匆匆走过此时此地，因为坚信"下一刻"的美好。下一刻就是我们看不到的未来。诚然，憧憬未来、心怀希望的确可以让人备受鼓舞，但只把眼光盯住下一刻而忽略这一时，却是极大的空想和虚妄。我们正错失的这一刻也许就是期待已久的"下一刻"。

事实上，快乐也好，幸福也罢，都是一种感受，具有即时性。它并不是来自于几天、几月、几年的等待，而恰恰就是我们此刻所拥有的时光。身心所感的此刻，不仅是独一无二的，而且也是我们唯一能够把握的。未来只存在于想象之中，我们永远不知道下一时刻会发生什么。如此，对未来的空想远不如对现在的把握。

著名作家斯宾塞·约翰逊写过一本名为《礼物》的书，讲的是一位充满智慧的老人告诉孩子，这世上有一个特别的礼物，可以让人生获得更多的快乐和成功，可这个礼物只有依靠自己的力量才能找到。

于是，从童年到青年，这个孩子用尽所有的办法四处找寻，越拼命寻找，越感到生活得不快乐，而他生命中的礼物自始至终都没有出现。到后来，年轻人决定放弃，不再没有目的地追寻。而此时他赫然发现，苦苦寻找的东西原来一直在他的身边，这个人生最好的礼物就是——"此刻"。

时至当下，也许还有不少人都在像这个孩子一样，寻寻觅觅有形的"礼物"，却往往忽略了自己早已拥有的礼物——无形的"此时此刻"。在这个充满不安和焦虑的时代，这份"礼物"就显得更能帮助我们重新发现工作和生活的真谛。

逝者不可追，来者犹可待。即使你每天祈祷一百遍，你也不可能回到从前，或者提前到达以后，而生命正以令人难以置信的速度飞快地溜走，我们生活在完全独立的今天里，今天才是最值得我们珍视的唯一时间。

内心的平静、个人的成就都取决于我们是否活在现在这一刻。这是因为，无论未来将会怎样，抑或过去曾经怎样，结果都是相同的——我们因为没有关注当下而错失了最真实、最美好的现在。

莉娜今年已经60多岁了，可是最近她身心备受打击，倒霉的事情接踵而至：丈夫刚去世不久，儿子又坠机身亡。一连串的打击让她的心都碎了，她不知道今后的路自己能否坚持走下去，整日郁郁寡欢。

一段时间后，为了生存下去，莉娜打算重新到外面找一份工作，但是当这个念头冒出来的时候，她自己都震惊了："我已经60多岁了！谁会给一个老妇人提供工作的机会呢？即便有人愿意，一个60多岁的老妇人能干些什么呢？"

她不停地担心别人嫌她老，担心别人嫌她动作迟缓，担心自己无法承受别人要求的工作强度……这一系列的担心更让她怀念过去，怀念丈夫在世的岁月，由怀念而生悲痛，又重新陷入丧夫的阴影中不能自拔，结果病倒了。

了解到莉娜的病情和生活情况后，主治医生对莉娜说："你的病情太严重了，需要长期住院治疗。但是你又没钱……我看这样吧，从现在开始，你可以在本院做零工，每天打扫病人的房间，以赚取你的医疗费用。"

反正没有比这更好的活法了，而且就目前经济窘迫的情况来说，她似乎根本别无选择。于是，莉娜开始手握扫帚，每天不停地在医院里忙碌。慢慢地，她不再担心什么，内心也恢复了平静，因为她实在太忙碌了。

寂寞、担忧被驱除了，莉娜的身体也就好了起来。而且，三年的时间里，由于经常接触病人，莉娜对病人的心理也了如指掌，后被院方聘为陪护。忧伤也开始向她挥手告别，她觉得自己新的人生要开始了。

如今，71岁的莉娜已经成了该医院的心理咨询师，她办公室的墙上有这么一句话："过去已经过去，明天尚未到来。只要肯用行动充实生命中的每一个'今天'，勇敢向前，机会就在柳暗花明间。"

"昨天的痛，已经承受过了，有必要反复去兑现吗？明天的痛，尚未到来，有必要提前去结算吗？只要肯用行动去充实生命中的每一个'今天'，勇敢向前,机会就会在柳暗花明间。"这句话说得多好!

现在,我们唯一能选择的是珍惜现在已有的,那春天美丽的花、夏日清爽的微风、秋天丰硕的果实、冬日和煦的阳光,那得之不易的机会,那美好的幸福时光,那大好的青春年华……好好珍惜现在我们拥有的一切,不要让它成为将来的遗憾,充分地享受每一个真实刹那,人生就是充实而完美的。

顺其自然,享受宁静

生活,看似宏大的命题,其实总结起来,不过甜与酸、苦与乐。驾驭生活,就是要学会享受甜、承担苦。人们很容易在乐中忘乎所以,又在苦中自暴自弃。这样的生活态度,势必无法带来成功和幸福的人生。只有在成败之中保持内心的从容淡定,以顺其自然的平静心来面对一切,才能不被情绪左右,在人生的大道上笔直向前。

在古代有个贤明的国王,国王身边有一位才华出众的宰相。不幸的是,这位宰相不到40岁就英年早逝,国王需要选出另一位贤臣接任他的位置。

候选人有两个,一个是前任宰相的副手,另一个是内阁大臣,两个人年纪相当,都有优秀的能力和深厚的学识,国王为选谁出任宰相大伤脑筋。最后,国王想到了一个办法,他派手下秘密出官,分别告诉那两个人:"根据我的消息,国王明天就会任命你为宰相!"

听到消息后,两个人的表现截然不同,副宰相兴奋得一夜睡不着觉。多年来的梦想就要实现,他怎么会不兴奋?另一位大臣却镇定自若,丝毫没把这个好消息放在心上。国王听了手下的汇报后,摇摇头说:"听到能当宰相就睡不着觉,这么没有平常心的人,怎么能扛起一个国家的重担?"第二天,国王宣布由另一位大臣出任宰相。

试想一国宰相日理万机,今天遭遇粮食危机,明天面对外敌入侵,如果遇到事情就连觉都睡不好,如何保持好的工作状态?于是他选择了更有平常心、更加懂得顺其自然的那一位大臣。

要知道,正如硬币的两面一样,人生的快乐和痛苦是相伴而生的,它们经常交替或交织地存在于人们的感受之中。用超然的心态看待苦乐年华,以平和的心境迎接一切挑战,这是一种宠辱不惊、能屈能伸的弹性心态,而这种弹性心态往往会使祸患离身,福泽绵长,缔造沉静而安然、充实而辉煌的人生。

顺其自然的人生态度,不只让我们获得看淡成败的超然,也让我们在面对挑战时更加从容,从而更加自信,更易成功。

常听说这样的例子,有学子寒窗十年,却在高考时因为患得患失、过分紧张而发挥失常;而把高考轻松地看成一次普通考试的学生,却可以超水平发挥。紧张的心态让人难以专注,而淡然的心却可以自如发挥。

在生活中,我们的心灵也是波动的,常常无法得到安宁。外界的喜乐、诱惑、伤害,随时都在缠绕我们,激起我们的情绪。当我们在爱恨情仇中沉浮,感到痛苦和失落、悲哀与叹息时,我们由衷羡慕那些"采菊东篱下,悠然见南山"的隐士,认为他们超凡脱俗,而自己却是芸芸众生中的庸碌之辈。我们却不曾想过,自己也可以一样做一个闹市中的隐士,在诱惑面前保持低调与冷静，在风浪面前保持心平气和、不急不躁。

一位商人拜访一位隐者，他走过崎岖的山路才找到隐者隐居的木屋。一路上，他的心被恐惧占据，坐下之后他问隐者："住在这样的深山，面对随时会有狂风暴雨的大自然，可能还会遭遇盗贼和猛兽的袭击，你难道不害怕吗？"

隐者说："难道你觉得你比我安全？你难道不是要随时面对强大的压力？你面对的不是强盗，是笑里藏刀的对手；不是猛兽，却是比猛兽更凶险的交通意外，你难道不害怕吗？"商人说："我已经习惯了这种生活。"隐者说："同理，我也习惯了这种生活，我们都是顺其自然的人。"

在繁忙的都市，我们很难有山林隐士的境界，但至少我们能够让自己修炼出一种达观的心态，对待事业，要明白有成功就有挫折；对待感情，要知道有收获就要付出；对待人际，要理解人有善的一面、就有恶的一面……当人们能够平心静气地看待周围的一切，将一切看得"平常"，他就能收敛很多不必要的脾气和对命运的恐惧。

"自然"这个词包含了多重含义，它既指大气土地、阳光水分、人类和万物，也指水从高处流向低处、花开就会花落这些不容改变的定律。人生也有"自然"，有生老病死，有福祸参半，有沉浮挫折，在这样的"自然"面前，唯有像看待长河东流一样看待生命中的困境，才能做到处变不惊，也才能在逆境中寻找到出路。

生命的价值在于接受自然、征服自然，生命的真味就在于顺其自然、感受自然。当我们为得失感叹、为输赢计较的时候，千万不要忘记，一颗宁静的心才是生命的最好伴侣。它能够陪你面对一切风雨，给你真正的安宁与享受。

空杯，方能容纳

"看成败，人生豪迈，大不了从头再来。"歌中如此唱道，的确，生命有太多的变数，而人生却偏偏没有彩排。在人生的迷宫中，我们总有走上岔路的时候。这时候，我们是坐在原地拒绝回头，一味埋怨生活的不公，从此将错就错消沉下去，还是重整旗鼓，从头再来呢？

答案显而易见，只有过不去的人，没有过不去的事。只要我们时常从思想上、意识上给自己"归零"，让人生从下一秒从头再来，我们的人生还是可以精彩的。所以，心态上的重新开始就是我们人生的第二次起跑线。

人生要重新开始，就需要一种空杯心态，其含义富有哲理，即一个装满水的杯子很难接纳新东西，如果想获得某方面的进步，需要先把自己想象成"一个空着的杯子"，而不是一个装满水的杯子。

很久以前，一个小有成就但心气颇高的年轻人去一个寺庙拜访一位德高望重的老禅师。当老禅师接待他时，年轻人自认为自己各方面的造诣很深，言谈之间，自然流露出了对大师的傲慢无礼。

老禅师轻轻地笑了笑，但他还是殷切地给年轻人倒茶水喝。可是在倒水时，杯子明明已经满了，老禅师依然不停地往里面倒水，结果自然是水洒了一地。年轻人在一旁，喊道："大师，杯子里的水已经满了，您为什么还要往里倒水呢？"

老禅师由此说出禅机,"是啊,既然杯子已经满了,水怎么还能倒得进去呢?"禅师的言外之意是,既然你已经很有学问了,为什么还要到我这里来求教呢?

听罢,年轻人大悟,深刻认识到大圆满还需要"空杯心态"。

重新开始,看似是放弃过去拥有的一切,实际上却是一种更广阔的拥有,因为它赢得了可以无限发展的空间。正如一张白纸最大的优势就是它的空白,有最大的自由让人去描绘,从而可以画出最新、最美的图画。

生命如同一段旅程,如果你希望这唯一的一次旅程是快乐而轻松的,那么就超脱一点、自由一点,放下过去的包袱,丢弃掉那些多余的负担,丢掉那些旧的恐惧、旧的束缚、旧的创伤,放下任何不值得背负的东西。

要知道,天使之所以能够在高空中飞翔,是因为她有双轻盈的翅膀。当给她的翅膀上系上了多余的包袱,她就可能再也飞不远了。我们也是如此,只有把不该记忆的事如流水般忘掉,才能让一颗自由之心越过尘世,在广袤的天地间翱翔……

重新开始是一种积极的心态,是一次重新的定位,查找自己的不足,不断完善自我,让思想变得更加自信,思维更加活跃,行动更加谨慎,时刻保持一种乐观的态度去应对新一轮的机遇和挑战。

贝利是20世纪最伟大的足球明星之一,被许多球迷尊称为"球王"。在他二十多年的足球生涯中,总共参加过1364场比赛,共踢进1282个球,而且创造了一个队员在一场比赛中射进8个球的纪录。

贝利超凡的球技不仅令亿万观众如痴如醉,而且常常使球场上的对手拍手称绝。在他个人进球数满1000个时，有记者采访他时，这样问道："在这1000个进球中，您认为自己哪个球踢得最好？"

贝利的回答耐人寻味，就像他的球艺一样精彩绝伦，他淡淡地回答道："下一个。"

正是这种让所有的荣誉从下一秒开始重新记数的心态，让贝利一次次站在了新的起跑线上，对未来充满了憧憬和希望，创造了足球场上一个又一个的奇迹。不管是个人还是单位，我们都应该向贝利学习，时常给自己"归零"。

每逢冬天到来的时候，许多树木脱掉茂盛的"装束"，变得光秃秃的，让人不免有些惋惜。然而，细想之后，你就会发现，它们是将自己暂时重新放回起跑线上，是在积蓄能量，等待在下一个灿烂的春天到来时重新开始。

只有暂时放下患得患失的浮躁，在吐故纳新之后轻装上阵，把昨天的失败和忧郁删除，将今天的成功和欣喜隐藏，才能焕发出蓬勃向上的朝气，迸发出勇往直前的拼劲，打造出无所不能的人生。

当重新开始成为一种延续的常态，一种时刻要做的事情时，我们也就获得了"相信我能"的力量：相信，我们定能用一个崭新的姿态迎接新的挑战，不断发展、创造新的辉煌，在成功的道路上越走越远。

安逸比痛苦更可怕

有些人总是胆怯。让他去谈恋爱，他怕失恋；让他去冒险，他怕受伤；让他去创业，他怕失败……总之，他什么都怕，就怕自己受到什么伤害，破坏了已有的安逸生活。那么，他们梦想中的安逸生活是什么呢？就是维持在一个小圈子里，有还算稳定的工作、还算安乐的家庭。其实这种想法没有错，平平淡淡才是真。但是，如果平淡的前提是害怕，平淡就变成了一种逃避，他们在这种生活中得到的不是"真"，而是百无聊赖。

为什么人们都害怕离开安逸的环境？因为在安逸中，一切都在自己的掌握里，没有什么危险，也不会有意外。数着日历，每个月的第一天和最后一天不会有任何区别。习惯是可怕的，一旦习惯了这种周而复始的生活，一切平庸就都可以被接受，激情也就无从产生。而没有激情的生命就像枯井，没有人会注意，它自己也渐渐忘记了自己的功能。

一个老人辛苦劳作一辈子，儿子在大城市考上了博士，找到了高薪工作，还娶到一个对他十分孝顺的妻子。夫妻俩一致决定将农村的老人接到城中安享晚年。

儿子孝顺，老人很高兴，但他到了城里后，每天只能在房间里干坐着，根本不知道干什么，他很想去锄锄地，放放牛，割割草，或者养几只猪，但在城里这些都不可能。儿子和媳妇倒是从不亏待他，小区里人人都羡慕他的福气，但老人却一天比一天没精神，终于有一天，他病倒了，躺了两个月，跟儿子说道："我如果继续在这里待着，肯定活不长，你们还是让我回老家吧！"

儿子听了大吃一惊，媳妇更是不同意，老人说："我知道你们都孝顺，不过，我习惯了劳动，享不了清福，不让我做点什么，我就觉得全身不舒服。"在老人的一再坚持下，夫妻俩只好将他送回了农村。老人回去后，果然再也没有生过病。

习惯了劳作的人，很难适应安逸，不是说这位老人没有"享福的命"，而是他的福不是天天坐在家里无所事事。青年人提到自己想要做的事，往往茫然迷惑，他们想做的事很多，但不知道最该做哪一件；老人们不同，他们想做的事不多，但都是自己最喜欢的。很多时候，安逸意味着无所事事，劳作虽然辛苦，甚至有时候带来痛苦，但给自己的心灵满足，却是别的东西替代不了的。所以，人们拒绝安逸，就是拒绝一种空虚的生活状态。

也有人会问，历经沧桑的人不都在追求安逸生活？别忘了，他们已经具备了安逸的资本。这种资本不只是经济上的，还是心理上的。他们经历的东西多了，甚至可以说，没有什么没去经历过，所以也就不会后悔，也不会羡慕那些正在经历的人。从一开始就选择安逸的人则不同，他们一辈子都注定要看着别人的精彩，即使那精彩难免也伴随着失落，但却是丰富的人生。难道他们不眼红吗？他们还没这种觉悟。

宁愿去经历沧桑，也不要在安逸的环境中碌碌无为，这是有智慧者的共识。最需要警惕的，并不是突然袭来的痛苦。面对痛苦，我们都在全副武装，丝毫不敢大意。最需要注意的是胜利后的麻痹，那才会让你在刹那间失去所有。沧桑之后，人们拥有的应该是更加成熟的心态，而不是完全松懈，再也没有热情，那就辜负了生命的本意。

第十二章

不经寒霜苦,安能香袭人

历经苦寒，才得梅花格外香；历经破茧，才有蝴蝶展翅飞。人生就像鸡蛋，从外打破是食物，从内打破是生命。一花凋零荒芜不了春天，一次失败荒废不了人生。

错过了星星，不要再错过月亮

天底下没有永远不幸的人，遇到挫折和失败的时候，不要一味地抱怨、后悔、自责，有时候应该学会换个角度、转个弯来考虑这个问题。

曾经，互联网上流传着这样一封信，它是英国的凯恩斯写给朋友的，在信中他这样说：

很小的时候，我就一直渴望考入剑桥大学。为了这个理想，我倾注了自己全部的心血，我所付出的巨大努力使我坚信，日后剑桥一定有我的一席之地，根本不可能发生意外。可是，这只是我的想象而已。后来，我得知自己根本没有被剑桥录取，这个消息让我觉得整个世界都粉碎了，我觉得再没有什么理由支撑着我活下去。我开始忽视我的朋友、我的前程，我抛弃了一切，既冷淡又怨恨。我决定远离家乡，把自己永远藏在眼泪和悔恨中。

当我清理自己物品的时候，我突然看到一封早已被遗忘的信——已故的父亲给我的信。他在信中写了这样一段话："不论活在哪里，不论境况如何，都要永远笑对生活，要像一个男子汉，承受一切可能的失败和打击。"我把这段话看了一遍又一遍，觉得父亲就在我的身边，正在和我交谈。他仿佛在对我说："坚持，不管发生什么事，向它们淡淡地一笑，继续活下去。"现在，我每天的生活都充满了快乐，虽然没有进入剑桥，虽然又遭遇了几次失败，但我终于知道，笑对失败就是对失败最大的报复，一味地哭泣只能让失败愈加嚣张。今天，这种积极的心态已经给我带来了巨大的成功。

有句话说："不要为打翻的牛奶哭泣。"其实它和凯恩斯要告诉我们的道理一样：当你遭遇了失败和挫折的时候，若是一直哭泣，一直沉浸在自责和痛苦中，那只会让自己更加悲伤，甚至丧失斗志。而那杯已经打翻的牛奶，也永远不可能再重新回到杯子里。面对生命中的一些失败和打击，我们不要抱怨客观因素，要学会从错误中得到刻骨铭心的教训，然后忘记错误，重新开始。要做到这一点并不难，只要你具备足够的勇气。因为失败和挫折就如同屋子里的尘埃，只要你轻轻一掸，就可以拥有一个清净亮丽的开始。

临近大学毕业的时候，别的同学都在忙碌着工作的事情，而岑威却想自己创业。他曾经给一家私立大学做过代理招生，这让他萌生了举办一个成人教育班的念头。毕业后，他东挪西借凑了几万块钱，终于把教育班办了起来。

起初，教育班发展得还不错，可是因为缺乏经验又疏于财务管理，岑威只顾着将资金投入到广告宣传、租房和日常开销上，却忽略了一个重要的问题——成本核算。结果，他的教育班虽然引起了不错的社会反响，可他自己所得的经济效益并不好，干了几年下来，不仅没有赚到钱，反倒将当初借的那些钱也赔了进去，这几年他算是竹篮打水一场空。

这一次的创业失败给岑威造成了很大的打击，他抱怨自己的疏忽大意，自责没有考虑周全，这种状况持续了几个月的时间。那段日子，岑威整天闷闷不乐，有时候就一个人喝闷酒，神情恍惚，根本没有心思重新发展自己的事业。

一天，岑威在街上闲逛，突然遇到了自己大学时的老师。那位老师当初很欣赏岑威，如今看到他憔悴不堪的样子实在不解。当岑威将自己的事情告诉老师之后，老师想了想，真诚地对他说："事情都过去了，你现在后悔有什么用呢？这只能让你心情越来越糟，意志越来越消沉。你要试着接受失败，从这些失败中汲取经验和教训。你还年轻，完全可以重新开始。"

听到老师的一番话，岑威感觉自己不再彷徨了。很快，他就振作了起来，充满激情地投入到了自己的事业中。

天底下没有永远不幸的人，当你遇到挫折和失败的时候，不要一味地抱怨、后悔、自责，有时候应该学会换个角度、转个弯来考虑这个问题。在工作和生活中，谁都可能暂时地作出愚蠢或者失策的行为，不同的是，有些人选择改正错误继续前行，有些人则沉浸在失败中自怨自艾，无法走过这个难关。诚然，遭遇了巨大的打击之后，要重新振作需要巨大的勇气，有些人事先没有心理准备，因此失败降临之后，他们便乱了方寸，除了抱怨和痛苦不知该如何是好。

其实，你可以试着这样宽慰自己：告诉自己事情可能没有自己想象的那么糟糕，让自己暂时喘一口气，然后再慢慢消化这些问题；多思考为什么会出现这样的失败，找到原因，进行客观地分析，以此为鉴；学会放下痛苦和过去，重新开始。

如果此刻的你也在遭受着挫败的打击，不妨由衷地告诉自己："不要为打翻的牛奶哭泣。"有些事已经无法改变，那就试着改变心态吧！汲取失败的教训，然后轻装走向下一次的成功。

笑看成败

任何一场比赛，有赢家，也有输家。赢的人无不兴高采烈，而输的人却各有不同。有的人，输了比赛便垂头丧气；有的人，却懂得享受比赛本身，懂得从失败中发现不足，取得进步。这样不同的心态，让同样失败的结果，对于人生却有了不同的意义。

不是每朵花都会结出果实，但是花朵本身就已是这株植物的意义；不是每段旅途都有美丽的终点，但那些沿途的风景就是旅行的意义；人漫漫一生，不是每次努力都有收获，不是每次付出都有所得，更不是每次拼搏都能获得胜利。

生活在这个快节奏的时代，每个人都是"奔跑"者。各自都在扮演着不同的角色，"奔跑"的目的也各不相同。也许你"奔跑"了一生，也没有到达目的地，没有到达胜利的巅峰，但是无论如何，只要在"奔跑"的过程中我们努力了、拼搏了，其中的经历感受到了，那就是成功的人生，也就是真正的英雄。

夕阳西下，在看似平静的草原上，狮子和羚羊都在自己的领地上暗暗沉思。

狮子想，当明天太阳升起的时候，我就要奋力奔跑，以追上跑得最快的羚羊；羚羊想，明天太阳升起的时候，我要奔跑，以逃脱跑得最快的狮子。

第二天，狮子发现了正在专心吃草的羚羊，立刻飞奔过去，羚羊警觉地发现了朝自己冲过来的狮子，不顾一切地开始逃命。

最后狮子没有追到羚羊，被其他的动物嘲笑了一番。狮子说："我跑不过是为了一顿晚餐，而羚羊跑是为了自己的生命，它当然要跑得更快了。"

这一次狮子没有追到羚羊，但那又如何呢？狮子并不因为这一次的失败就丧失百兽之王的地位，追到羚羊也好，没追到也好，这都是生活的一部分。

生活本来就是平凡的，丰功伟绩只能是平凡的生活中的一个亮点，却不能论成败。就是说，无论做什么工作，只要能认真踏实地做出一点别人所无法替代、重复不了的工作，哪怕是一个很小的方面，也算是一种成功。所以，在任何时间，我们都切莫以成败论英雄。

在人生道路上，只要毅然追寻自己的理想，无论成功与否，只要你真诚地付出了，努力了，在这个人生的舞台上，你就是英雄。

我们对《老人与海》的故事都并不陌生，古巴的一位老渔夫圣地亚哥一连84天都没有钓到一条鱼，几乎快要饿死了，但他不肯认输，终于在第85天的时候，在海中钓到一条身长18米的大马林鱼。

但是这条鱼实在太大，渔夫明知道对方力量比自己强，他还是决心战斗到底。他尝试了一次又一次，与对方奋战了三天三夜，最终杀死了那条大马林鱼，并把它绑在船后，准备拖回家。

在归程中渔夫又一次遭到鲨鱼的袭击，他用尽自己的一切力量来反抗：渔叉没了，他把小刀绑在桨把上乱扎；小刀折断了，他用短棍；短棍也丢了，他用舵把来打……最后回港时大马林鱼只剩鱼尾和一条脊骨。

这个故事，结果看似是失败了，但是渔夫勇敢面对失败，在暴力、死亡面前保持人的尊严和勇气，即便结果是失败，但在过程中，却战胜了自己，战胜了困难，这怎能不算是一种成功呢？更何况，他从中体味到与困难的生死较量是任何人都感受不到的，谁又能说这是一种失败呢？

成功和失败都是生命的意义，最灿烂的花——无论玫瑰、百合还是郁金香，往往不是为了结出最丰硕的果实而开放的。如果过程足够灿烂，如果在路途中已经尽过最大努力，那么就算结局失败又有什么关系？

成功的乐趣绝不仅仅在于享受目标达成的那一刻，更在于享受达成目标过程中的激情、艰辛甚至磨难！所以，在任何时候，我们都不要以成败论英雄，不要认为自己没能达到目标就是失败。要知道，成败的结果只是人生过程中一个小小的插曲，唯有过程才是永久的，所以，在任何时候，我们都要学会给自己鼓掌，学会欣赏自己，如此你将获得无比精彩的人生。

未雨绸缪，决胜千里

一家私企的董事会上，12位投资人正在讨论如何建造亚洲最大的游乐场。

可以说，他们个个都是业界精英，发言也都相当精彩。然而，令人惊讶的是，12个人都在谈论"如果失败了怎么办"，以及在哪一个环节上最有可能失败，甚至还具体筹划到"准备赔5000万，如果还不能赚钱，就放弃"。

12个人千里迢迢聚在一切，经过周密的调查和严谨的论证，得出来的更像是为失败做的一个计划。

人生长路何等艰辛，肯定会遇到各种障碍和困难。可许多最后成功的人，他们的行事风格大都是在没有成功之前，就已经提前咀嚼了失败的苦涩与伤感。他们的成功计划反而更像是一种为失败准备的周密流程。而恰恰那些最终失败了的人，却很少做过失败的打算。在这样的基础上看来，把失败计划做好，也许才是成功的第一步。

其实，从我们准备出发的那一天起，就要从此承担以后有可能的风险。这就要求我们在动手开启新的篇章前，必须从各方面做好最充足的准备，同时把"危机意识"落实到具体的日常生活中。

这种落实首先就体现在心理上，也就是心里要随时有接受、应付突发事件的准备,这是一种心理建设。心里有所准备,在遇到挫折时便不会自乱阵脚。多多听取他人的建议和意见,避免走前人的"老路",就能真正起到"吃一堑长一智"的作用。即使为错误付出了"成本",也不会过于丧气失望,从失败中分析总结,找出自己的不足并加以改正,这对日后更广阔的发展未必就不是件好事。

聪明的人善于把最坏的打算作为经历挫折、承受打击的底线。经历过大风大浪的人,再遇到小的涟漪,就会对自己说:"这点波浪算得了什么?"越早在心理上经历过艰难困苦的人,往往越具有坚定的意志力以及工作的战斗力,以至于在日后真正能承受住打击,很好地解决实际遇到的困难。

如今,对于世人来说,美国宇航局阿波罗11号登月的辉煌成功已是家喻户晓的事情了。但很多人也许至今都不知道,当时,美国总统尼克松甚至都已经为可能发生的灾难做好了失败演讲的准备。

这件事的渊源要追溯到指挥了阿波罗8号绕月任务的宇航员弗兰克·伯尔曼身上。他向尼克松的演讲词作者威廉·沙费尔建议,出于谨慎的考虑,最好要妥善做出后备计划,以防阿波罗11号的宇航员在万众瞩目之下不幸牺牲。

在这份预备演讲词中,人们看到了这样具体的言语:"命运已经注定了这些心怀和平到月球上探险的人将永远留在月球上安息。这些勇敢的人——尼尔·阿姆斯特朗和巴兹·奥尔德林,知道他们没有回来的希望,但他们同样知道他们的牺牲将会给人类带来希望……从此,每一个于夜晚抬头凝视月亮的人,都知道在另一个世界中有某个角落是永远属于人类的。"

当然,登月灾难并没有发生,而阿波罗11号也完好无损。但尼克松曾为此做好的"悲剧准备"无疑是对第一批探月者所面对的未知风险的一个绝好提醒。

要想有更足够的把握,就要事先"舍弃"一些固有的主观认同。也就是说,所有的事情都要有"万一……怎么办"的危机意识,把对错误、困境、危机和失败的分析研究常态化,做到未雨绸缪,预先充分准备。要知道,失败往往不是一个具体错误造成的,而是一连串错误和多重困境叠加而导致的。

随时把"万一"握在手心里,积极的准备、失败的打算,如此,自然不会被"还不算太坏"的情况所击倒。只有正视困境,才能在人生路上未雨绸缪,最终走向成功。

我思,故我在

荀子说:"君子博学而日参省乎己,则知明而行无过矣。"意思是说,君子要广泛地学习,并从所学中自我反省,这样才能够明白事理,才能够行为无过。

一个人只有常常反省自己的行为,时时剖析自己,知道自己不善之处,方能不断改善自己、提高自己。人生的每一次挫折和失败,我们不妨都将其看作是上帝给我们开的一张张罚单,只有慎重地为每一张罚单作检讨,寻找失败原因,才能走上成熟与成功之路。

不过,反省自我,要求的是"反求诸己",是寻找自己的缺点或者做得不好的地方，这犹如用锋利的手术刀解剖自己，毫无疑问这是痛苦的，这也正是人们之所以不敢反省的主要原因。

因此，一个人若要想赢得事业上的成功和人生的辉煌，就应当改变对自省的恐惧心理，学着勇敢一点，在工作和生活中时常自省，并养成善于自省的好习惯，然后不断改正，做更加完美的自己，以完美的态度去做事。

英国著名小说家狄更斯的作品是非常出色的，他的主要作品为《匹克威克外传》、《雾都孤儿》、《双城记》、《老古玩店》、《艰难时世》、《我们共同的朋友》等，均受到了读者热烈的追捧。他的成功秘诀便是自省！

在写作过程中，狄更斯对自己有一个规定，那就是没有认真检查过的内容，绝不轻易地读给公众听。每天，他会把写好的内容读一遍，每天去发现问题，然后不断改正；作品写完后还要花上一段时间不断修改。

直到最后定稿，这一过程往往需要花费几个月甚至几年的时间。但是，正是因为这种不断自我反省、自我修正的态度，使狄更斯的作品笔墨精雅深奥、结构简练完美、悬念重重设置又富有创造性的探索。

自我反省是一次检阅自己的机会，是一次重新认识自己的机会，更是一次提升自己的机会，是自我修养的最高境界。是选择消极地逃避，还是积极地自省，将在很大程度上影响一个人的前途和命运。

为每一张罚单作检讨，是要我们能正视自己犯过的错误和自己经历的失败，只有能坦然面对自己的过错和失败，才能从失败中走向成功。

面对自己的失败并不容易，但是要知道所谓失败，仅仅是失去了这一次达成目标的机会，但同时，也得到了排除错误的一个宝贵信息。我们可以败在经验、败在技巧上,但绝不能败在心志和信仰上。意志力坚强的人懂得在失败中培养自己的恒心和毅力,并将它变成一种习惯,以至于在今后的人生长途中,无论遭受多少挫折,仍有坚持朝成功顶端迈进直至抵达为止的力量。

往往,那些懂得检讨自己失败和错误原因的人常常以其恒心和耐力而获酬甚丰。作为吃苦耐劳、坚韧不拔的回馈,不论他们所追求的是怎样高远的目标,都能如愿以偿。更重要的是,他们还将得到比物质报酬更为可贵的经验:"每一次失败都伴随着一颗同等利益的成功种子。"

最伟大的发明家托马斯·爱迪生,对于失败有着自己独特的理解,否则也不会有那千百次的"尝试"。

在研制白炽灯时,他尝试了上千种材料,均告失败。有人嘲笑他说:"你永远不会成功。"爱迪生不为所动,沉下心,坚持废寝忘食地进行研究。他仔细考察每一次失败的原因,从每一次失败中汲取新的知识,而确信自己向成功又迈进了一步。

终于,他成功研制出世界上第一枚电灯泡,给世界带来了光明。而他的名字也熠熠生辉地烙印在史册上,经岁月流洗而不褪色,盛名流传至今。是爱迪生懂得正视失败,从每一次失败中进行检讨,才最终创造了非凡的成就。

当我们因为某件事而受到挫折时,不妨想想爱迪生在给整个世界带来光明前,那千百次的失败。爱迪生之所以能成功,就在于他能够从每一次的失败中检讨自己,学到新的东西。正是因为他对每一张失败的罚单作了反思,才会发明出许多当时的科学家不可企及的东西。

真正的勇士，敢于直面淋漓的鲜血和惨淡的人生。当我们接到人生的罚单时，不要沉溺于挫败感中，不要逃避，不要失望，以勇士般的精神来反思自己，从中不断得到修正和积累，最终得以蜕变为更好的自己。

耕耘自己的小园地

当面临人生的十字路口时，有人徘徊，有人决绝；有人半途而废，也有人勇往直前。在抉择前，我们可以参照别人的方式、方法、态度等，但一定要坚持做自己人生的设计师。因为人生是不能抗拒的前行，我们每个人只有一次机会。

一个农夫与儿子共同赶着一头驴到附近的市场去做买卖。

没走多远，父子俩就看见几个路人对他们指指点点。其中一个人大声喊道："你们见过像他们这样的傻瓜吗？有驴子不骑，宁愿自己走路。"听到这话，农夫心中很是在意，立刻让儿子骑上了驴，自己则在后面跟着走。

走了一会儿，他们又遇见一群老人，只听他们哀叹道："你们看见了吗？现在的老人可真是可怜。那个孩子只顾自己骑着驴，却让年老的父亲在地上走路。"农夫听到这话，连忙让儿子下来，自己骑上去。

走了一半的路程时，父子俩又遇上一群孩子，几个孩子七嘴八舌地乱喊乱叫着："嘿，你们瞧那个狠心的爹，他怎么能自己骑着驴，让自己的孩子跟着在后面走呢?"农夫听罢,又立刻叫儿子上来,与他一同骑在驴背上。

快到市场时,又听到有人说:"哟,这驴多惨啊,竟然驮着两个人,真怀疑这是不是他们自己的驴。"另一个人插嘴说:"哦,谁能想到他们这么骑驴啊,瞧驴都累得气喘吁吁了,这样的驴哪有人肯买啊。"

听罢这话,农夫对儿子说:"怎么骑驴都是错,依我看,不如咱们两个人抬着驴子走。"于是,他和儿子急忙从驴背上跳下来,用绳子捆上驴的腿,找了一根棍子将这头驴抬起来,卖力地向前赶路。

当父子俩使出了浑身的劲将这头驴抬过闹市入口的小桥上时,又引起了桥头上一群人的哄笑。驴子受了惊吓,挣脱了捆绑,撒腿就跑,不想却失足落入河中,淹死了。农夫最终空手而归,既懊恼又羞愧。

故事十分可笑,然而,这种任由别人支配自己行为的事情并非只在故事里出现。在生活中,我们常常会不自觉地在意别人的眼光,为了让别人满意,小心翼翼,甚至费尽心机。

殊不知,这样一来,那个真实的自己就会逐渐离我们远去。一个活在别人标准和眼光之中的人是盲目而悲哀的。因为人生只有一次,而他们从来都不曾体会过由自己亲手设计命运的快乐。

有一句话说:"20岁时,我们顾虑别人对我们的看法。40岁时,我们不理会别人对我们的看法。60岁时,我们发现别人根本就没有看我们。"这并非消极,因为大多数人都有自己的事情要做,并没有多少时间把注意力集中到别人身上。

也许是成功的概念过于抽象,当我们审视自己的人生时,常常不自觉地以别人的议论作为了标准，然而事实上，每个人都有自己的生活、自己的快乐和自己的成功。不要活在别人的眼光中，安心享受自己生活中的快乐和喜悦，就是自己的幸福。

卡耐基曾经说过一段耐人寻味的话："发现你自己，你就是你。记住，地球上没有和你一样的人……在这个世界上，你是一种独特的存在。你只能以自己的方式歌唱，只能以自己的方式绘画。不论好坏与否，你只能耕耘自己的小园地；不论好坏与否，你只能在生命的乐章中奏出自己的发音符。"

人们每天奔波在繁华都市中，所追求的应当是自我价值的实现以及自我珍惜。所以，我们不该为自己是他人眼中的主角就扬扬得意，也不要为别人的轰轰烈烈而无地自容，更不要为自己的平平常常而妄自菲薄。你就是自己人生的主角，只要能够尽心演好自己的角色，就是一种快乐，就是一种成功！

你的能量，超乎你想象

爱默生说："相信自己'能'，便攻无不克。"正是这种在困难面前毫不退缩的勇气，使他攻克了诸多知识难题，终成"美国文明之父"。拿破仑讲："在我的字典里，没有'不可能'这个词。"正是这藐视一切磨难的话激励他南征北战，横扫欧洲大陆，成为法兰西第一帝国皇帝。

我们常常觉得，那些伟大的事都是由伟大的人做出的，而我们只是平凡生活中的平凡人，不可能做出什么惊天动地的事来。

诚然，每个人的能力都是有限的，但是，如果不去不断地挑战自我、打破自我，你又怎能知道自己能力的尽头究竟在哪里？如果不去尝试自己认为"不可能"的事，你又如何知道自己究竟有多大力量？打破自我才能成就自我，如果永远只做自己有把握，永远只做自己熟悉的事情，那么人生也不可能再有新的突破。

世界上没有一件事是"可能"的，也没有一件事是"不可能"的，一开始谁都不知道结果怎样。敢于打破自我，敢于向不可能挑战，这是一种振奋人心的力量，一种人类战胜自我的绝佳的精神体现。

他是一名澳大利亚残疾人，出生时只有可乐罐那么大，而且天生严重残疾，脊椎下部没有发育，医生断言他不可能活过24小时，建议他父亲准备后事，但是他却坚强地活了一周、一个月、一年、十年……17岁时，他不得已做了腿部的切除手术，成了靠双手行走的"半"个人。

他的人生是充满痛苦和耻辱的，上学时周围不少小孩骂他是"怪物"，更有一些同学恶作剧地在他的课桌周围撒满图钉。有一次，他甚至被一群同班学生绑起来扔进点燃了的垃圾桶，差点送命。中学毕业后，他决定给自己找个工作，但是看到爬在滑板上的"半个人"时，那些店主都拒绝了他。

这样的人生算是相当坎坷的了，似乎他的生命已经注定是场悲剧。然而，他却勇敢而快乐地生活着，不仅能够自食其力，而且取得了一系列让正常人惊叹的成就：1994年，夺得澳大利亚残疾网球冠军；2000年，拿到澳大利亚体育机构的奖学金，并在全国健康举重比赛中排名第二；2000年，获得板球、橄榄球二级教练证书，考取了驾照。后来，他先后到过190个国家进行演讲。

他的名字叫约翰·库蒂斯，他是享誉世界的国际残疾人激励大师。

他天生严重残疾，但他挑战死亡；他从小受尽歧视和折磨，依然笑对人生；他只能依靠双手行走，却成为运动健将。为什么他能够将诸多的"绝不可能"变为"绝对可能"？对此，约翰解释道："这个世界充满了伤痛和苦难。有人在烦恼，有人在哭泣。面对命运，任何苦难都必须勇敢面对，如果赢了，就赢了；如果输了，就输了。但是，如果不去努力突破自己，那么你在面对之前，就已经输了。"

因为敢于突破自己，约翰·库蒂斯多了一份"我能够成功"的自信，最终得以成就自己。面对生活赋予他的一切，甜也好，苦也好，悲也好，喜也好，痛也好，乐也好，他都有勇气去承受，不畏惧困难，敢于尝试，敢于挑战自我的极限，最终成就了自己，赢得了尊重。

日本保险女神柴田和子创下了在一年之内发展804位业务员业绩的惊人业绩，1988年，更是创造了世界寿险业绩第一的奇迹，荣登吉尼斯世界纪录。此后她逐年刷新的纪录至今仍然无人打破。她不断超越和打破自己，谱写了辉煌的人生。

埃里森连续二十多年向比尔·盖茨写下战书。在他的领导下，甲骨文公司1999年的销售额突破100亿美元，盈利超过30亿美元，一年内增长了40%。2000年9月，公司市值达到1840亿美元。而埃里森在《财富》杂志年度富人排行榜上跃升到第2位。在向自我极限挑战的强烈企图心的驱使下，埃里森的财富增长速度之快是让人始料不及的。

世界上本没有什么倚仗魔力便获得成功的人，谁也不是天生就是伟大杰出的人物。开始时，人们在同一条起跑线上，只是那些成功的人总是勇于挑战自己，打破自己，让原本对自己来说似乎遥不可及的事最终落入自己手心。

在我们做出最大的努力之前，我们永远不知道我们究竟能有多大的力量，究竟能做出多了不起的事情，重要的是永远别停止超越和打破自己。只有勇敢冲破自我的藩篱，积极地追求更好的结果、更广阔的天地、更辉煌的舞台，人生才能充满了进取，充满了辉煌，充满了新的希望。

没有人能束缚你的手脚，只要能够突破自己，就能在这广阔天地间获得最大的自由，成就最好的自己。

不能被相同的石头绊倒两次

人生就是摸着石头过河，常常有脚步不稳跌跤的时候，这是人生不可避免要交的学费。然而，交过学费，就要学到东西，不能在同样的地方因同样的石头跌倒两次。

有些人自尊心很强，一旦被指责就觉得受到了天大的委屈。这样的人一般不会生活得太幸福，因为他们的内心过于脆弱，一个小小的浪头就能让他们站不起身来。其实，面对指责，首先应该做的就是反省自己，如果自己真的有错，就要大方承认，并积极改正。

积极承认并改正错误，才能避免诸如此类的委屈再次出现。如果一被指责，就不管三七二十一地大哭一场，搞得像是所有人都对不起自己，那到头来最受影响的还会是自己。

想要让手边的每一件事都顺利进行，就不能怕被指责，被指责并不是什么大不了的事。人生在世，孰能无过，只要不一错再错，及时将错误改正，就是值得推崇的。

第二次世界大战期间，一直在维也纳做律师的乔治历经千辛万苦终于逃到了瑞典。到瑞典后，他身无分文，急需找一份工作来糊口。因为他会说好几国语言，所以很希望能在一家进出口公司担任秘书之职。

他投递了很多简历，但统统遭到回绝。对方回信告诉他，因为正在打仗，所以不需要会说多国语言的人才。当然也有说话不客气的，有一家公司在回信中就曾这样写道："你以为你很厉害，其实你很愚蠢，你根本搞不清我们公司需要的是什么。告诉你，我根本不需要什么替我写信的秘书，就算我需要，也不会雇用你，因为你的瑞典文写得很差劲，你的信中有非常多的错误。"

乔治看到这封信时，肺都要气炸了，他恨不得冲到对方公司将指责自己的人大骂一顿。但几分钟后，逐渐冷静下来的他不禁反思："或许他说的是对的，虽然我学习过瑞典文，但它毕竟不是我的母语，我很有可能写了很多连我自己都不知道的错句。"

这样反思了一通后，乔治决定要好好补习一下瑞典文，并且他对写信给他的那个老板也由最初的愤怒变成了感激。他想，就算那个人只是单纯地拿自己出气，但至少让他了解了一些事情。于是，他写了一封感谢信给那位老板。而这一封信，他每一个词都查过了字典，每一个句子都确保写到完美无缺，在检查了好几遍之后，这才寄了出去。

那位老板自然没有想到自己大骂了一通的人竟然写信感谢自己，并积极承认了他在瑞典文上的不足；更没想到的是，仅仅几日之隔，他的信中的文法竟然有了巨大的进步，不禁对乔治另眼相看。第二天，乔治收到了那位老板的聘任书。

乔治控制住盛怒的心情，及时反省，并写了一封感谢信给指责他的人。而在这封信中，他改正了自己在之前信中暴露出来的不足，这一举动为他赢得了一个工作机会。从中可见，及时反省自己、及时改正错误是非常重要的一件事情。

　　相同的石头不能将我们绊倒两次。当我们第一次跌倒时,不要怨天尤人,更不要在意是否有人嘲笑,不如去反省一下自己的所为,想想如何才能避免再次跌倒。如果我们能将这样的反省作为一种习惯,进步就会成为一种必然。

　　孔子的弟子颜回曾得到孔子这样的赞誉:颜渊无二过。鲁国公曾问颜回为什么同类的错误绝不会再犯第二次,颜回回答,他经常反省自己,看自己是不是做错了哪些事,如果事情真的做错了,他就会立刻改正,并且坚持不再犯,坚持久了,就真的做到无二过了。鲁国公赞叹道:"经常反思,从无二过,可以称之为圣人了。"

　　我们在生活中犯了错误也该学学颜回的态度。这次的跌跤已经不能更改,那么,就想想怎样才能不再因同样的原因跌倒,做不到从不为过,那么就努力做到不二过。

待到冰雪消融，自有春暖花开

丘吉尔曾说："要看到日出，就要坚持到拂晓；要看到成功，就要坚持到最后。"成功的秘诀就在于坚持。莎士比亚说："千万人的失败在于做事不彻底，往往离成功还差一步便终止不再做了。"二人的话都说明了，成功不会轻易到来，要熬得过严冬、挺得过黑暗，人生中的春天和黎明才会降临。

一段路，越到最后越是难走，就像黎明前总有一段最黑暗的时候。但这最难走的最后一段路恰恰也是最关键的一段，也许你的下一脚就会迈到成功的彼岸。可惜，不是所有人都能坚持到最后那一脚。总有人在冬天的最后一日放弃等待春天到来，从而导致功亏一篑。

冬天过去，春天就会到来，心中要始终坚持对春天的信仰，不要因一时的寒冷和风雪而放弃希望。

1952年，世界著名的游泳健将弗洛伦丝·查德威克一鼓作气地从卡德林那岛游到了加利福尼亚海滩。为了再创纪录，在多年后的一天，她开始横渡英吉利海峡。

那天是大雾天气，在海里已经泡了15个小时的她，看不清自己距离海岸还有多远，忍不住想要放弃了。在脸已经冻得发僵时，她向一直伴随着自己前行的游艇喊道:"快拖我上去吧,我实在坚持不住了。"

小艇上的人鼓励她说:"再坚持一下吧,离海岸只有一英里远了。"

但当时四周一片白茫茫,弗洛伦丝全身一阵阵发寒,她看不清海岸,甚至看不清小艇,她以为小艇上的人在骗她,便再三请求拉她上去。

最后,筋疲力尽、全身发抖的弗洛伦丝被拉上了小艇,但很快,她就发现小艇的人并没有骗她,离海岸真的只有一英里远。

几天后,弗洛伦丝告诉记者:"如果当时我能看到海岸,或者相信'离海岸只有一英里远'的劝告,我就一定能游到终点。但那天雾太大了,我什么也看不到,这让我放弃了坚持到最后一步。客观地说,阻止我成功的不是浓雾,而是我内心的疑惑。"

两个月后,弗洛伦丝再次尝试。那天依旧是大雾天气,海水也依旧冰凉刺骨,身处一片白茫茫中的弗洛伦丝暗暗告诉自己,这次无论如何也要坚持到最后。又是十几个小时过去了,被冻得嘴唇发紫的弗洛伦丝坚持不懈地向前游着。虽然看不见海岸,但她相信,海岸就在不远的前方,最终,她成功了。她告诉身边的人:要想让梦想变成现实,首先就得相信这个梦想一定会实现,并且,你要为了梦想坚持到最后一步。

在实现梦想的道路中,我们总会遇到各种各样的挫折,通常,拦住我们的不是这些表面上的"拦路虎",而是我们内心的恐惧。如果我们能打败心中的怯懦,沿着自己的既定目标一路走下去,就一定会走到胜利的终点。

再长的道路也有尽头,再冷的冬天也不会无尽。不要轻易说你已经尽力。看看曾经站在同一起跑线上的人,他们是不是已经远远把你落下。如果有人走在你的前方,你就应该相信你也可以再多走一步,再多试一次。再多试一次,即使早已满心绝望;再多试一次,即使脚下布满荆棘;再多试一次,成功就在你脚下。

理查德因为一次意外,被学校开除。为了生计,他一个人跑到得克萨斯油田找了一份工作。工作一段时间后,他渐渐对野外钻探业产生了浓厚的兴趣,立志要当一名独立的石油勘探商。

在赚够几千美元后,理查德就真的去租赁设备,钻井取油。但很遗憾,他第一次钻井就挑到了一口枯井。但执着的理查德并没有因此放弃心中的理想。在接下来的两年中,他一旦攒够了钱,就去钻井。两年多的时间里,他打了29口油井,可惜很遗憾,这些井全都是枯井。

尽管如此的不顺利,理查德还是在坚守着自己的理想,他在自己的理想之路上艰难前行。可是,直到年近40岁,他还是一无所获。

在痛定思痛后,理查德专门去攻读了地质结构、油层模型以及其他方面的地质学知识,以此提高钻井的成功率。在理论知识的帮助下,他又租来一块地皮进行再一次的钻探。这一次,他的脚下不再是枯井,而是巨大的油藏。

《战国策·秦策五》中有句曰"行百里者半九十",就是告诫世人末路很艰难,一百里路,走了九十里,只能算一半,人们必须用充沛的精力,一鼓作气将剩下的路走完。走同一段路,成功者与失败者最大的区别,或许就是前者坚持不懈地把路走完了,而后者却在最后几步泄气了。

想看到彩虹,就要经历风雨;想看到春天,就要跨越寒冬。通往成功的路上总是密布着众多的荆棘，失败不可耻，失败了不敢继续向前才是真正的可耻。审视自己，看看自己因绝望和艰难而停步时，是不是真的无法再向前走一步。对于任何一个人来说，再试一次，就多了一次成功的机会。只有再试一次，才能超越自我，攀登到新的成功高峰。